JN056685

よくわかる

農 協 法

第3版

農協法研究会 著

第3版はしがき

　平成28年に、農業協同組合法等の一部を改正する等の法律（平成27年法律
第63号）の制定を踏まえ新訂版を発刊したところですが、直近の令和2年6
月の改正（令和2年法律第50号）に至るまで、すでに15回もの法律改正が行
われています。

　そこで、本書を新訂版公刊後の法律改正を反映した内容に改めることとし
ました。令和元年の会社法改正に伴う農業協同組合法等関係法律の改正では、
農業協同組合法にも役員等の責任に関連する補償契約および賠償責任保険契
約に関する条項が新設されるとともに総会資料の電子提供措置に関する条項
も新設されるなど、今後の実務にも影響が少なくない改正が行われています。

　これらの改正のうち、総会資料の電子提供措置に関する条項は，本改訂版
刊行時点では未施行ですが、改正内容を反映したものにしています。

　新訂版同様、初めて学ぶ人たちを含め、農業協同組合法のよりよき理解の
ための手助けになれば幸いです。

　令和3年3月

農協法研究会

新訂版はしがき

　本書は、初版以降版を重ねてきた『農協法の基礎』（初版：昭和45年）の後継書をめざして、農協法の特質と法律の骨格となる事項について初めて農協法に触れる人にもわかるように解説をしたものです。

　本書の初版が2014年4月に発行されてから2年しか経っていませんが、この間に農協法はすでに5回も改正されています。平成27年9月4日には農業協同組合法等の一部を改正する等の法律（法律第63号）が公布され、制度の骨格に変更が及ぶような重大かつ多岐にわたる改正が行われました。

　そこで、同法による改正後の内容を含め、本書を最新の内容に改めることとしました。この改訂版が初版にも増して農協法の理解の助けになるとともに、初めて農協法を学ぶ人たちの学習のよきパートナーとなることを願ってやみません。

　　平成28年4月

農協法研究会

はじめに

　昭和22年に公布・施行された農協法は、農地改革とともに戦後の農村の民主化をめざす農民解放施策の一環として生まれたものです。それは地主勢力による支配から解放された耕作農民による自主・自立の協同組織を育成するとともに、農業生産力の増強を意図したものでした。

　その後の日本の農業と農村はめまぐるしい変遷と変貌を経て今日に至っており、農協法も、そのときどきの時代の要請に基づく幾多の改正を経て現在の姿になっています。ちなみに制定から今日に至るまで90回にも及ぶ改正が行われていますが、農協法自体を狙いとする改正は13回で、それ以外は他の法律の改正にともなって行われたものです。これらの改正を受けて、現行の農協法は引用条文を含め膨大な数の条文で構成されており、内容も複雑になっています。したがって、これらの内容をすべて説明しようとすると膨大なページ数を要する書物になってしまうばかりでなく、はじめて農協法を勉強しようとする人たちにはかえってわかりにくいものになってしまいます。

　そこで、本書では、農協法の全体像を理解するうえで当面は説明を省いてもよいと思われる事項は可能な限り除外し、農協法の特質と法律の全体像の骨格とその内容について、できるだけわかりやすく説明することを心がけました。各項目の解説の欄は、内容についての理解がより深まるようにするためのものですので、飛ばして読んでいただいても構いません。

　農協法は法律ですから、可能な限り関係条文にも実際にあたり、かつ、解説も鵜呑みにすることなく、なぜそうなっているかを考えながら学習することで、立体的な理解が深まるはずです。とはいっても、勉強の方法は個人によって様々ですので、自分なりの学習方法を確立してみてください。こうした意味で、本書が読者の皆さんの農協法に対する理解や学習の足がかりになれば幸いです。

　　平成26年3月

農協法研究会

目　　次

Ⅳ　組合の自治法規

Ⅴ　農協の総会

Ⅵ　農協の役員等

I

総　　論

1 農業協同組合法とは

　この本で説明する農業協同組合法とは、昭和22年11月19日に法律第132号として公布された「農業協同組合法」という題名の法律のことです。しかし、農業協同組合法は多くのことを政令、省令、告示に委ねており、これらの内容を含め農業協同組合法（以下、「農協法」という。）というのが一般的ですが、それらすべてを説明することは内容が多岐にわたり、かつ、説明も複雑になりかえってわかりにくくなりますので、法律を中心として全体の仕組みと内容を説明することにしたいと思います。

1．法律の目的

　農協法は、その第1条に「この法律は、農業者の協同組織の発達を促進することにより、農業生産力の増進及び農業者の経済的社会的地位の向上を図り、もって国民経済の発展に寄与することを目的とする」と規定しています。これは法律制定の目的で、「農業者の協同組織の発達を促進すること」を手段に、「農業生産力の増進と農業者の経済的社会的地位の向上を図ること」を具体的な目的とし、そのことは結果的に国民経済の発展につながるという理念を表明したものとなっています。

　法律では、「農業者の協同組織の発達を促進する」ために、農業協同組合および農業協同組合連合会ならびに農事組合法人の設立、組織、事業、運営および管理ならびに監督等について定めており、これが法律の具体的内容となっています。

2．用語の定義

　「協同組織」とは何かは、法律上の定義はありませんが、一般に団体の構成員がその団体の意思決定などの管理運営に参加するとともに、その団体が

行う事業によって直接に便益を受けるような組織をいいます。ここでは農業協同組合のことをいっていると考えて差し支えありません。したがって、この法律の直接的な目的は、農業協同組合の発達を促すことにあります。

　この法律においてとくに重要な概念である「農業者」、「農民」および「農業」については、第２条に定義が置かれています。

　まず、「農業者」とは、農民または農業を営む法人（その常時使用する従業員の数が300人を超え、かつ、その資本金の額または出資の総額が３億円を超える法人を除く）をいい、このうち「農民」とは、自ら農業を営み、または農業に従事する個人をいいます。

　次に、「農業」とは、耕作、養畜または養蚕の業務（これに付随する業務を含む）をいい、そして自らこれらの業務を営み、またはこれに従事する者が行う薪炭生産の業務（これに付随する業務を含む）は、この法律の適用上、農業とみなされます。

解説

　この法律は、戦後の連合軍総司令部の「農地改革に関する覚書」にあるように、農地改革の計画の一環として「小作人であった者が再び小作人に転落しないための合理的保護」のなかに含めるべき事項とされた「非農民的勢力の支配を脱し、日本農民の経済的、文化的向上に資する農業協同組合運動を助長し奨励する計画」の策定が求められたことに対する施策として立案されたものです。いいかえれば、戦後の農業政策の基本目標である過去の権力的統制や経済的束縛から農民を解放し、勤労農民の自主的立場を枢軸として農村民主化を実現し、その基盤の上に立って農業生産力の増進を図るという役割を果たすための手段として、農業協同組合は法律上位置づけられることになったといえるでしょう。

　制定当初の農協法第１条は「この法律は、農民の協同組織の発達を促進し、

以て農業生産力の増進と農民の経済的社会的地位の向上を図り、併せて国民経済の発展を期することを目的とする」と、法人は含まずに勤労農民のみを対象にしたものでしたが、その後平成13年の改正（平成13年法律94号１条）で、前述のように改められました。

　農民や農業の法律上の定義は前述のとおりですが、これは組合員の資格との関係で重要な意味をもっています。なお、ここでの定義が今日の実態に適合しているか、適合していない場合どうあるべきか、勉強をすすめながら各自で考えてみてください。

形式的意義の農協法と実質的意義の農協法

　成文法としての農協法（昭和22年法律第132号）は、農業協同組合と農業協同組合連合会（以下その総称として「組合」という）、それに農事組合法人に固有の法律関係を規定しており、これを形式的意義の農協法ということがあります。これに対し、この形式的意義における農協法に設立の根拠を有する法人を規律する法規範を実質的な意義における農協法といい、この実質的意義における農協法の存在形式を法源ということがあります。これには、成文法である農協法、同法に基づく政令、省令および告示のほか、同法に基づく法人を規整する特別法、慣習法それに個々の定款・規約等が含まれます。

　問題は、その適用順序です。組合に関する法律関係については、まず農協法の規定に反しないかぎり各組合の定款・規約が適用され、次いで農協法の規定が適用されます。また、同じ内容につき組合に適用される特別法があれば、特別法の規定が農協法に優先して適用されることはいうまでもありません（これを「特別法優先の原則」という）。それ以外の場合において、組合に固有の慣習法があれば慣習法が適用され、これらがないときには条理を推考し、民法等の規定があるときでも直ちに民法等の規定を適用すべきでなく、まず農協法の関係規定の解釈や協同組合の本質的要素にかえりみて、何らかの法的規範を見出す必要があります。

　なお、農業協同組合を規整する法律は、農協法に限られるわけではなく、民法、商法をはじめ民事訴訟法や非訟事件手続法などの各種の法律を含み、これらはすべて農協法の法源を形成します。

　また、「協同組合法」という言葉を用いる場合がありますが、わが国の実定法には「協同組合法」という題名の法律はありませんので、それはもっぱら実質的意義において用いています。

2 農業協同組合の性格、住所および名称

1 法人

　農協法は、その第4条において「農業協同組合及び農業協同組合連合会（以下組合と総称する。）は、法人とする」と定めています。法人とは、法律関係を簡便に処理するために、自然人（生きている普通の人）と同じように団体自体が権利義務の主体になることを認められたものをいいます。わが国は、法人法定主義を採用しており民法33条1項の規定により、法人は、民法その他の法律の規定によらなければ、成立しないことになっています。組合は、農協法で定める一定の要件を満たすことにより、その第4条の規定によってはじめて法人としての資格（地位）が与えられます。

2 組合の住所

　私たち自然人に住所があるように、法人も住所を定めなければなりません。そして法人である組合の住所は、その主たる事務所の所在地にあるものとするとされています（法6条）。この主たる事務所とは、建物ではなく、会社にあっては本店のことをいい、それはその組合の事業に関する取引または事業を行うために必要な行為についての意思決定とその実行行為を継続的に行う一定の場所のうち中心となるところをいいます。

　事務所をもつ法的効果は、自然人の場合に準ずることになります（債務の履行場所を定めた民法484条など）。なお、法律は、主たる事務所の所在地をもって組合の設立を登記すべき場所とし（法9条1項、登記令2条1項）、また組合に関する訴訟事件の裁判所の管轄を決める基準（民訴法4条4項）などにしています。

3　組合の名称

　農業協同組合または農業協同組合連合会の名称中には、農業協同組合また
は農業協同組合連合会なる文字を用いなければならないとされています（法
3条1項）。そして、農業協同組合または農業協同組合連合会でない者が、
その名称中に農業協同組合または農業協同組合連合会という文字を用いるこ
とを禁止することで（同2項）、名称の保護を図っています。

　法人とは、自然人以外で法人格（権利義務の主体となることのできる資格
ないしは地位）を有するもので、法人制度というのは法律関係の処理を容易
にするための法技術（法律上のテクニック）です。わが国の法人制度は、株
式会社に代表される営利法人と一般社団法人に代表される非営利法人、それ
に協同組合などのようなその中間の法人に分けることができ、それぞれの法
人の組織形態の特質に応じた法律を用意し、規整しています。ただし、会社
法（平成17年法律86号）と非営利法人を対象とした「一般社団法人及び一般
財団法人に関する法律」（平成18年法律48号）がそれぞれ営利法人および非
営利法人を対象にその法人の設立、組織、運営および管理について定めた法
律であるのに対し、わが国においては、協同組合のそれらを規整する一般法
としての協同組合法は存在せず、すべての協同組合法が組合員資格とその行
う事業を基準とする特別法として制定されています。

　いずれにしても、こうした法人制度のもと、法人格を取得する意味には、
二重の意味があります。一つは、法人として契約を締結し、権利を取得し、
あるいは訴訟を起こすといったように法人の名において行為することができ
るということであり、他の一つは、構成員とは独立した権利義務の主体とし
て構成員の財産から切り離され組合員には帰属しないところの法人自体の財

産を形成し、法人の債権者に対する責任財産を作り出すという意味です。そうすることで、自然人と同様に法律関係を簡便に処理することができるようにしているわけです。

　なお、後述しますが、法人制度における後者の意味は、構成員の有限責任制度を当然に導くものではありませんが、戦前の産業組合法とは異なり、戦後の協同組合法においては協同組合に対する債権者との関係では直接責任を負担しない出資を限度とする間接有限責任制度を採用しています。

3 農業協同組合の目的

1　組合の目的

　農協法7条1項は「組合は、その行う事業によってその組合員及び会員のために最大の奉仕をすることを目的とする」ことを規定しています。

　この規定のあるなしにかかわらず、協同組合である農業協同組合は、その行う事業を通じて、その構成員が生活・事業活動における経済的便益を得るための相互扶助による組織であって、組合自体の利益の確保を目的に事業を行うものではありません。この規定は、農業協同組合が協同組合であることの本質的性格を、構成員から独立した主体としての組合側からとらえたものにほかなりません。

　つまり、構成員から独立した主体としての組合からその目的を規定するとすれば、このように構成員の生活・事業活動の助成を図ることを目的とする団体＝助成団体であることになり、組合は、対外的な取引により金銭的利益を得て、これを構成員に分配することを目的とする意味での営利法人ではないことになります。

2　組合の能力

　組合は、法人としての性質上、たとえば身体上の自由権、扶養を受ける権利、親権などのように自然人でなければ持てないような権利義務は持ちえないことはいうまでもありません。

　また、法人格は法律によって付与されるものですので、法律で法人の能力を制限することが可能となります。たとえば、清算中の組合の能力の清算目的の範囲内への限定（法72条の3→会社法476条等）、組合が行える事業についての法律上の制限などがこの例です。

次に、法人は、自然人と異なり、ある特定の目的をもって結成（設立）されるものですから、目的の範囲外の行為を行った場合にこれを法人の行為として認めてよいのかどうかが問題になるわけです。そこで民法34条は「法人は、法令の規定に従い、定款その他の基本約款で定められた目的の範囲内において、権利を有し、義務を負う」と、法人の目的の範囲外の行為の結果は法人自体には帰属しないことを定めています。

なお、この定款所定の目的による能力の制限について、判例は、対外的な活動による利益の獲得と獲得した利益の株主への分配が目的である営利法人については、目的の範囲を限りなく広げることで目的による能力の制限はないに等しい判断を示すようになってきています。

3　目的の範囲外の行為の法律効果

上述の民法の規定に従うと目的の範囲外の行為は、組合に権利義務が帰属しない。したがって原則として無効となります。

なお、その目的の範囲外の行為が有効であるか無効であるかは別にして、それは違法な行為であり、行政庁による必要措置命令（法95条1項）や場合によっては解散命令（法95条の2第1項）の対象になりうるほか、行為を行った役員等については過料の制裁の対象（法101条1号）、さらには農協法99条または刑法の背任罪（刑法247条）などによる刑事罰の対象になる場合もでてきます。このほか、行為を行った役員については役員改選請求の対象（法38条2項ただし書）になるほか、組合に損害が発生した場合には組合に対する損害賠償責任の原因（法35条の6）となり、さらに不法行為として組合とともに第三者に対して損害賠償責任を負担する（民法709条・715条、農協法35条の4第2項→会社法350条）こととなる場合があります。

　わが国では、これまで法人の目的に応じ、学問上、営利を目的とする法人は営利法人（株式会社等）、公益を目的とし、かつ、営利を目的としない法人は公益法人（社団法人、財団法人等）、営利も公益も目的にしない（構成員に共通する利益を図り、かつ、営利を目的にしない）法人は中間法人（中間法人、各種の協同組合等）として分類されてきました。しかし、平成18年には、「一般社団法人及び一般財団法人に関する法律」（法律48号）が制定されるとともに中間法人法（平成13年法律49号）が廃止されることによって、いかなる目的であってもそれが適法なものである限りは一般社団法人の目的とすることが可能となりました。また、その前年の平成17年には会社法（平成17年法律86号）が制定されることで、わが国の法人制度は、大きく分けて営利目的の有無によって、会社に代表される営利法人と一般社団法人に代表される非営利法人の二つに分類されることになりました。

　会社法は、株式会社につき、剰余金の配当を受ける権利および解散の際に残余財産の分配を受ける権利の全部を株主に与えない旨の定款の定めを無効とし（会社法105条2項）、そのいずれか一方の権利を与えない旨の定款は有効であることを前提にしています。

　一方、一般社団法人にあっては、剰余金分配請求権または残余財産請求権を社員（構成員）に付与する旨の定款規定は無効とされ（一般法人法11条2項）、社員総会で剰余金の分配を決議することも禁じられています（同35条3項）。

　営利および非営利については、法律上の定義があるわけではありませんが、上の規定から判断して剰余金の社員への帰属を保障しているかどうかによって、法人を営利、非営利の概念によって類別しているといえるでしょう。この基準を前提にすると、組合員の持分といった概念があり、制限があるとはいえ出資配当や事業利用分量配当が許容されている農業協同組合などの協同

組合は、持分概念の存在しない一般社団法人のような非営利法人ではなく、むしろ株式会社などの営利法人に近い存在であるということになります。

　ところで、「営利を目的としてその事業を行ってはならない」とする旧農協法8条後段の規定は平成27年の改正で削られましたが、そこでいう「営利」の意味するところは、対外的な収益活動により利益を得、かつ、その活動によって得た利益を組合員に分配するという目的で事業を行ってはならないという意味であり、協同組合の事業の本質を規定したもので、規定が削られたからといって協同組合である以上はこのような意味での営利を目的として事業を行うものではありません。しかし、農協法をはじめわが国の現在の各協同組合法は、持分概念を認め（消費生活協同組合法は「持分」という表現は用いていませんが持分を観念し得るものとなっている）残余財産の組合員（社員）への帰属を前提にしている点で不徹底であるばかりでなく、員外者との取引から生じた剰余金の処分について何ら制約をしていないという点でも非営利的性格が不徹底といえるでしょう。

　次に、法人の能力の目的による制限ですが、自然人とは違い法人は特定の目的をもった存在ですので、権利能力は定款に定められた目的の範囲内に制限されると理解されてきました。民法34条の規定は、伝統的にこのように解釈されてきたわけですが、営利法人である会社に関しては目的を限りなく広く解釈することで、目的による権利能力の制限はないに等しいものとなっています。これに対し、特別法で法人格を付与され、事業の種類や範囲・内容も法律・定款で規制されている協同組合にあっては、そのことによる構成員（組合員）の保護も無視しえないので、営利法人よりもなお目的の範囲は厳格に解されています。ただし、営利法人には適用されないとの考え方もあった同条の規定は、民法改正の結果、営利法人を含めた法人一般についての原則規定となったこともあり、取引の安全の確保という要請から、営利法人以外の法人についても目的の範囲については広く判断される傾向にあるということはできるでしょう。

　なお、目的の範囲外の行為に関しては、行政庁による必要措置命令（法95条1項）や場合によっては解散命令（法95条の2第1項）の対象になり得るほか、行為を行った役員等については過料の制裁の対象（法101条1号）、さらには農協法99条または刑法の背任罪（刑法247条）などによる刑事罰の対象にもなる場合があります。また、組合は、不法行為責任を負う場合もでてきます。

　不法行為とは、民法709条の規定による故意または過失によって他人の権利または法律上保護される利益を侵害する行為をいい、この侵害行為（不法行為）を行った者はこれによって生じた損害を賠償する責任を負うことになります。ここでは、組合がどのような場合に不法行為責任を負うかを簡単にみておきましょう。農協法は会社法を準用し、代表理事その他の代表者がその職務を行うについて第三者に損害を加えた損害を賠償する責任を負うとしています（法35条の4第2項→会社法350条）。これを法人の不法行為責任といい、代表者の加害行為について法人は責任を負うのですが、これによって法人が責任を負うためには、民法709条の一般不法行為の要件、すなわち行為者である代表者の故意または過失、相手方の権利または利益侵害、そしてそれによる損害の発生と代表者の行為との因果関係の存在）を充たしていることが必要であると解されています。それは、この制度の意味は、本来行為者について発生するはずの不法行為責任を法人も負担するところにあるからです。また、被用者（組合の従業員）がその職務上不法行為を行った場合には、使用者（法人）が責任を負うことになります。

　このように、業務に関連して他人に損害が生じた場合には、行為者が不法行為の要件（民法709条）を充たしている限り、その行為者が代表機関（代表者）であろうとなかろうと組合が損害賠償の責任を負うことになります。

※一般社団法人の残余財産の帰属

　一般社団法人における残余財産の分配のついての規整は、不徹底な点があります。すなわち、前述のように残余財産分配請求権を社員に与える旨の定款規定は無効ですが、定款に定めがないときは、清算法人の社員総会の決議で残余財産の帰属を決定するものとされています（一般法人法239条2項）。それによって帰属先の定まらない残余財産があれば国庫に帰属することになりますが（同3項）、社員総会の決議で残余財産の帰属者として社員を指定することは禁じられていませんので、これによれば剰余金が社員に分配されることもあり得ることになるわけです。しかし、これは例外的な、結果としての話であり、剰余金を社員に分配するために事業を行っているわけではありませんので、一般社団法人においては持分といった概念はありません。持分については、別途後述します。

II

組合の事業

1 農協法の事業の特徴

1 農協法が定める事業の特徴

　農協法に基づいて組合が行うことができる事業は、農協法により具体的に限定されています。組合員資格の限定と組合が行うことのできる事業の限定は、わが国における協同組合法の特徴の一つです。

　また、組合が行うことができる事業については、農協法に定める事業と他の法律の規定に基づいて行うことができる事業とがあります。他の法律の規定に基づいて行うことができる事業のあることは農協法も予定しているところで、それはたとえば行政庁による解散命令の原因の一つとして「組合……が法律の規定に基づいて行うことができる事業以外の事業を行ったとき」と、農協法以外の法律に基づく事業があることを前提にした規定をおいていることからも明らかです。

　農協法に基づいて行うことができる事業については、農業経営の事業（法11条の50）以外は農協法10条に規定されていますが、時代の変化とともに多様化し、規定の内容も膨大で複雑になってきています。

　なお、農協法の目的規定とも関連しますが、戦前の産業組合法と比べた場合の戦後農協法の大きな特徴は、農作業の共同化、その他農業労働の効率の増進に関する事業や農業の目的に供される土地の造成、改良もしくは管理、または農業水利施設の設置もしくは管理、その他農業技術に関する組合員の知識の向上を図るための教育等、農業生産関連の事業が規定されたことです。このほか、農村工業、共済事業、生活文化の改善に関する事業をはじめ団体協約などは、戦後の農協法においてはじめて明文化された事業で、農協法の大きな特徴です。また、事業そのものではありませんが、専属利用契約に関する規定（平成27年の改正で削除）が設けられた点も大きな特徴の一つです。

2　農協法の事業の定め方の特徴

　組合が、法律上行うことができることとされている事業のうち、どの事業を行うかは原則として自由ですが、自ら行う事業は定款に必ず記載（注）しなければなりません（法28条1項1号）。

　農協法における組合が行うことができる事業の定め方は、複雑ですが、類別すると次のようになっています。

　まず、組合である以上はその一部は必ず行わなければならない事業が定められ（法10条1項）、そしてこのうち非出資の組合では行うことができない事業が定められています（同条4項）。これが、いわば組合の固有の事業ということになりますが、それ以外に出資組合が農協法10条1項に掲げる事業とあわせ行うことができると定めている事業（同条2項、5項、11条の50）、組合員からの貯金または定期積金の受入れの事業を行う組合が行うことができると定めている事業（法10条6項）、組合員からの貯金または定期積金の受入れの事業と組合員の事業または生活に必要な資金の貸付けを行う組合が行うことができると定めている事業（同条3項、7項）および共済事業を行う組合が行うことができると定めている事業（同条8項）があります。

　一方、特定の事業を行う農業協同組合連合会は、法律で定める一定の範囲の事業に限り行うことを認め、それ以外の事業は行ってはならない形でその行える事業を規制しています（同条23項、25項）。

（注）定款が書面により作成される場合には「記載」で、紙によらずに電磁的記録によって作成される場合には「記録」となります。なお、現行法では、法律で定める書面のほとんどは電磁的記録によって作成することが認められており、いちいち「記載（電磁的記録による場合には記録）」などと表記すると読みにくくなるので、電磁的記録に関してふれたほうがよいと思われる事項以外は「記載」としています。したがって、以下「記載」には「記録」が含まれる場合があると思って下さい。

解説

　農協法7条1項の規定を待つまでもなく、協同組合は、組合員が共同で事業を行うことを通じて直接的に便益を受ける、いいかえると協同組合はその行う事業により組合員の経済（家計や事業活動）を直接的に助成することを基本的な任務としています。

　したがって、農協法最大の特徴の一つも組合が行うことができる事業に関する規定に現われています。主な事業については、別の項を設け説明をすることとし、ここでは戦後の農協法の大きな特徴の一つとされる農業生産関連の事業について説明をしておきましょう。

　まず、「農作業の共同化その他農業労働の効率の増進に関する施設」（法10条1項6号）ですが、ここで「農作業の共同化」とは共同防除等をいい、「農業労働の効率の増進」とは、組合がトラクター等耕作機械等を用いて組合員の農地を耕すなどが想定されますが、組合が所有する耕作機械等を組合員が組合から借り入れて自らが耕作する場合には、「組合員の事業……に必要な共同利用施設の設置」（同項5号）、すなわち利用事業にあたります。

　次に、「農業の目的に供される土地の造成、改良若しくは管理、農業の目的に供するための土地の売渡し、貸付け若しくは交換又は農業水利施設の設置若しくは管理」（同項7号）ですが、農作業の共同化等の事業を農業労働の生産性を高めるための事業だとすると、この事業は土地の生産性を高めるための事業であるということができます。「農業の目的に供される土地の管理」の事業は、広い意味では、組合員の所有する不耕作地を借入れて耕作を行うことも可能であるかのようにも考えられなくはありませんが、農協法のなかに農業経営を行う農事組合法人制度が別途設けられ、また組合が行える農業経営に関する事業が別条（法11条の50）で規定されていること等に照らし、この規定に基づき積極的な意味において組合自らが農業経営を行うことはできないと解されています。

　なお、「農業の目的に供するための土地の売渡し、貸付け若しくは交換」
の事業は、昭和45年の改正で追加された事業で、農用地供給事業と呼ばれま
すが、このうち農地法でいう農地を取得（買入れ・借入れ）し、農地のまま
で供給（売渡し・貸付け・交換）する事業は、現在、組合自体の事業として
は行うことができません。また、組合が農地等の造成、改良、維持管理等の
事業を土地改良法に基づいて行おうとする場合には、同法の規制に服するこ
とになります。

　このほか、当初の農協法（原始農協法ともいう）で認められた農業生産関
連の事業としては、「農業技術及び組合事業に関する組合員の知識の向上を
図るための教育並びに組合員に対する一般的情報の提供に関する施設」（原
始農協法10条１項10号）があります。これは現行法の第10条１項１号の「組
合員……のためにする農業の経営及び技術の向上に関する指導」に形を変え
ています。

　戦後、農協法の制定当初の組合の農業生産関連の事業としては、以上の三
つの事業のみでしたが、その後、受託農業経営（法10条２項）、農地信託の
事業（同３項）、農業経営の事業（法11条の50）が追加され現在に至ってい
ます。

　次に、農協法10条１項は、「組合は、次の事業の全部又は一部を行うこと
ができる」としており、「行わなければならない」といった規定のしかたは
していませんが、組合の本質は、組合員の共同事業として事業を行うことで
あり、組合の定款にはその行う事業を必ず規定しなければなりません。した
がって、同項に列挙された事業をまったく行わない組合は成立しません。こ
の場合、「組合員の貯金又は定期積金の受入れ」（法10条１項３号）の事業と
「共済に関する施設」は出資組合に限って認められており、非出資組合では
行うことができません（同条４項）。

　このように、まず農協法では農協法上の組合である以上は、少なくともそ
の一部は行わなければならない事業を10条１項で列記し、かつ、そのうちの

一部の事業は出資組合でなければ行うことができないようにしています。

　また、同項に列記した事業以外の事業がありますが、これらについては出資組合だけに認められています。ただし、これらにも出資組合であれば認められる事業（法10条３項の農業経営の受託、５項の宅地等供給事業、11条の50の農業経営の事業）、組合員からの貯金または定期積金の受入れ事業を行う組合だけに認められる事業（手形の割引、為替取引、債務の保証または手形の引受等、10条６項に規定する事業）、組合員からの貯金または定期積金の受入れと組合員の事業または生活に必要な資金の貸付けの事業をあわせ行う組合だけに認められる事業（同条３項の農地信託、７項の金融商品取引法の規定に基づく投資助言事業等）、共済事業を行う組合だけに認められる事業（同条８項の保険会社の業務の代理または事務の代行）とがあります。

　一方、これに対し組合員（会員）からの貯金等の受入れの事業を行う農業協同組合連合（信連）にあっては、その行える事業が一定の範囲に限定され（同条23項）、また共済事業を行う農業協同組合連合会も共済事業に付帯する事業と保険会社の業務の代理または事務の代行業務以外の業務を行えない（同条25項）ようになっています。これらは銀行や保険会社等の他業禁止規制の趣旨と同じです。

　農協法は、「農村工業に関する施設」「共済に関する施設」などと、「施設」という用語を用いていますが、ここで「施設」という用語は、建物等の物的設備自体を指す言葉ではなく、その物的設備とそれを動かしている人およびそれらによって運営されている事業活動全体を指さすものとして用いられています。いいかえれば組合員に対し組合員がそれを利用する形で有形・無形の便益提供がなされる手段となるものを指します。

2 営農指導事業とは

✲　組合は、組合員のためにする農業の経営および技術の向上に関する指導事業を行うことができます（法10条1項1号）。

　　これは、いわゆる営農指導事業といわれているもので、具体的には、技術員（営農指導員）による農業経営や農業技術の指導・相談、実験展示圃の設置、農業技術等に関する講習会や講演会の開催、農産物価格の動向や市況に関する情報の提供、気象情報の提供などが考えられます。

✲　この事業は、文字どおり組合員の農業経営や農業技術の向上に関する指導ですが、組合の他の事業、とりわけ販売事業や購買事業等と有機的な連携を保ちながら行われるところに特徴があります。したがって、戦中・戦前の農会や農業会によって行われた生産指導事業とも異なると同時に、従来行政機関において担われてきた農業改良普及事業とも性格を異にするといえます。

解 説

　この事業は、いわゆる営農指導事業と呼ばれるもので、産業組合法にはなかった戦後農協法の新たな形態の事業です。

　沿革的な説明をすると、農協法制定当初は、「農業技術及び組合事業に関する組合員の知識の向上を図るための教育並びに組合員に対する一般的情報の提供に関する施設」（原始農協法10条1項10号）と現在の営農指導事業との関連では、農業技術の教育と情報提供に重きが置かれていました。なお、組合事業に関する組合員の知識の向上を図るための教育や一般的情報の提供というのは、いわゆる協同組合教育のことであり、これについては昭和29年の改正（法律184号）で中央会制度が創設された際に、中央会の事業に位置

づけられ、組合の事業からは削られています。また、この改正では独立して規定されていた「農村の生活及び文化の改善に関する施設」が指導事業とあわせて「組合員の農業に関する技術及び経営の向上を図るための教育又は農村の生活又は文化の改善に関する施設」と規定され、平成13年の改正（法律94号）で、再び前段の事業と後段の事業が分離し、前段の営農指導事業は農協法10条1項1号の事業として規定されることになりました。

　昭和29年の改正の際に技術指導に加えて経営指導が明文化されたように、技術指導もその狙いとするところは最終的には農業所得の向上にあります。近年では、農家の技術レベルの向上から、組合としては、従来の栽培技術等の技術指導よりも農産物の有利販売のための生産・販売に関する各種の情報の提供が求められてきています。こうした状況に対応して、組合の営農指導事業も組合員個々の農業技術や経営の指導から、積極的な市場開拓や販売活動を基礎に地域農業全体の振興を図るための情報提供や営農支援・販売活動が重要視されてきています。

　平成13年の改正では、農業を営むすべての法人に正組合員資格を与え、これにともない法律の目的（第1条）規定も見直し、あわせて営農指導事業の位置づけも見直を行っています。改正法案の提案理由説明によると、営農指導事業に関する改正に関し、政府は「農業協同組合が、担い手のニーズに対応しつつ地域農業の振興に重点を置いた事業展開を図るため、農業を営むすべての法人に正組合員資格を与えるほか、営農指導を農業協同組合が行う事業の第一番目に位置づけることとしております」と説明しています。

3 信用事業とは

　組合員の事業または生活に必要な資金の貸付け（法10条１項２号）および組合員の貯金または定期積金の受入れ（同項３号）の事業ならびに組合員の事業または生活に必要な物資の供給の事業に含まれるところのファイナンス・リース（これらの事業に付帯する事業を含む）ならびに農協法10条６項、７項および24項の事業を総称して信用事業といいます（法11条２項）。

1　資金の貸付け

　組合は、事業として組合員の事業または生活に必要な資金の貸付けを行うことができます（法10条１項２号）。この事業は、次の貯金または定期積金の受入れを行っていない組合でも行うことができ、また非出資の組合でも行うことができます。

　また、この資金の貸付けについては、組合員のためにする事業の遂行を妨げない限度において、定款の定めるところにより、地方公共団体等への貸付け、農村地域における産業基盤等整備資金の貸付け、それに金融機関に対する貸付けを行うことができます（同条20項）。

2　貯金または定期積金の受入れ

　組合は、事業として組合員の貯金または定期積金の受入れができますが（同条１項３号）、資金の貸付けと異なり出資組合に限られます（同条４項）。なお、定期積金の受入れは、昭和29年の改正（法律184号）で追加されたものです。

3　農協法10条６項の事業

　この事業は、貯金または定期積金の受入れの事業を行うことができる組合

が行うことができる事業として各号に列記されているものです。

全部で21種類の業務が列挙されていますが、このうち主なものとしては、①手形の割引（1号）、②為替取引（2号）、③債務の保証または手形の引受け（3号）、④有価証券の貸付け（4号）、⑥国債等の窓販業務（5号）、⑦農林中央金庫その他主務大臣の定める者の業務の代理または媒介（8号）、⑧国、地方公共団体、会社等の金銭の収納その他金銭に係る事務の扱い（9号）、⑨有価証券等の保護預り（10号）および⑩両替（11号）などがあります。

4　農協法10条7号の事業

この事業は、資金の貸付けと貯金または定期積金の受入れの事業をあわせ行う組合が、これらの事業の遂行を妨げない限度において行うことが認められている事業で、上の6項の事業がいわば付随業務ともいうべき業務であるのに対し、関連業務ともいうべきものとしてとくに認められている事業です。

これには、①金融商品取引法28条6項に規定する投資助言業務に係る事業、②金融商品取引法に基づく登録金融機関業務として同法33条2項各号に掲げる有価証券または取引について、同項各号に定める行為を行う事業、③金融機関の信託業務の兼営等に関する法律により行う同法1条1項に規定する信託業務に係る事業、④信託法3条3号に掲げる方法〔自己信託〕によってする信託に係る事務に関する事業、⑤地方債または社債その他の債券の募集または管理の受託、⑥担保付社債に関する信託事業、⑦算定割当量を取得し、もしくは譲渡することを内容とする契約の締結またはその媒介、取次もしくは代理を行う事業があります。

組合の信用事業というのは、沿革的には組合員との間の信用の授受、すなわち組合員の事業または生活に必要な資金の貸付けと組合員からの貯金の受

入れとにより成り立っています。

　制定当時の農協法において出資の農業協同組合に認められていたのは、組合員の事業または生活に必要な資金の貸付け（原始農協法10条1項1号）と組合員の貯金の受入れ（同項2号）だけで、これらの事業をあわせ行う連合会に対して認められていた事業も、これら事業とそれに付帯する事業のほか会員のためにする手形の割引、金融機関に対する会員の債務の保証または当該金融機関の委任に基づく債権の取立て（同条5項）の事業のみに限られていました。

　銀行業の固有業務が、①預金または定期積金等の受入れ、②資金の貸付けまたは手形の割引および③為替取引から成り立っていている（信用金庫等も同じ）のに対し、農協法においては固有業務と付随業務といった業務区分は必ずしも明確ではありませんが、手形の割引や為替取引は、付随業務的に農協法10条6項に掲げられています。

　ところで、組合が貯金または定期積金の受入れの事業を行おうとするときは、総会の決議をもって信用事業規程を定め（法44条1項2号）、行政庁の承認を受けなければなりません（法11条1項）。これは銀行業や信用金庫や労働金庫等の業務が免許事業になっていることに平仄をあわせたものです。この信用事業規程には、前述の信用事業の範疇に含まれる事業のうち、自らが行おうとする事業の種類および事業の実施方法に関して主務省令で定める事項を記載し、行政庁の承認を受けることが必要です（同条2項）。

　なお、信用事業のうち、その事業の性質上、十分なリスク管理能力や適正な業務遂行能力が必要とされる業務については、定款変更の認可や信用事業規程の変更の承認に加え、各業法に基づく登録・認可等が必要とされるものがあります。

　これには、農協法10条7項の「金融機関の信託業務の兼営等に関する法律」の規定に基づく信託業務に係る事業を行う場合の内閣総理大臣の認可（同法1条1項）、担保付社債に関する信託事業を行う場合の担保付社債信託法

上の免許（同法3条）があります。また、登録金融機関の業務として金融商品取引法33条2項各号に掲げる有価証券または取引についての同項各号に定める行為を行う場合には、内閣総理大臣の登録を受けなければなりません（金取法33条の2）。なお、農協法10条6項に掲げる有価証券の売買（金銭債権の取得または譲渡のうち金取法上有価証券に該当するものを含む）およびデリバティブ取引に係る業務は、この登録業務となっていますので、これらについても金融商品取引法に基づく登録が必要となります。

このように、組合の信用事業については、その公共的性格から、金融自由化の進展等に対応した規制の緩和の中での金融行政における位置づけの変化にともなって、業務内容が拡大し多様化してきています。また、組合員との信用の授受に関する事業以外の業務については、員外利用分量規制も撤廃され、協同組合としての組織原理とかけ離れた金融機関の一業態としての性格が強くなってきたといえます。

なお、信用事業については、組合員の利益の保護はもとより、事業の公共的性格に照らして事業の健全性を確保することが強く求められることから、さまざまな監督上の規制や措置が講じられていますが、説明は省きます。

4 購買事業とは

✳　組合は、事業として、組合員の事業または生活に必要な物資の供給（法10条1項4号）の事業を行うことができます。

　　この事業を一般に購買事業と呼んでいますが、これは沿革的なものです。すなわち、「購買」という用語は、産業組合法が「産業又ハ経済ニ必要ナル物ヲ買入レ之ニ加工シ若ハ加工セスシテ又ハ之ヲ生産シテ組合員ニ売却スルコト（購買組合）」（同法1条1項3号）と規定していたことに由来するものです。その実質は、組合員の共同事業として行う購買活動ですから、その意味ではまさしく購買事業という名称が似つかわしくもあり、それが定着したといってよいでしょう。

✳　「物資の供給」には、概念的には貸与も含み、産業組合の購買事業よりもその範囲が広いと考えられています。なお、組合が、組合員が必要とする物資の供給の直接の当事者にならない斡旋・仲介といった行為は、物資の供給事業そのものではなく、それに附帯する事業であると解されます。

解　説

　物資の供給の形態としては、いわゆる買取購買のほかに、委託購買、さらには貸与があります。

　買取購買というのは、物資を第三者から買入れ、そのまま、あるいはそれに加工を施して組合員に売却することや、物資を買入れ、これを原材料に組合員が必要とする新しい物資を生産し、組合員に売却することをいいます。

　これに対し、委託購買というのは、組合員の委託を受け、その組合員が必要とする物資をその組合員に代わり組合の名で、第三者から購入し組合員にその物資を引き渡すことをいいます。

両者は、組合員に供給する物資の買入先と組合との間の売買契約という点において同じですが、委託購買の場合にはその物資の価格変動等にともなうリスク負担を組合員自身が負うことになる点で買取購買とは異なります。

　なお、肥料などの予約購買などでみられる共同計算方式による購買の場合には、この委託購買を前提にして、組合員が負担すべき代金をプール計算して平等に負担する方式といえます。

　貸与というのは、組合員に必要な物資を供給するための一つの形態ですが、供給する物資の所有権が組合員に移転せず組合に残り、一定期間経過後に返還させるものをいいます。これには、レンタル方式とリース方式とが考えられますが、レンタルの場合は、レンタルする対象物にもよりますが、同じ物資が複数の組合員によって共同で利用される場合が多いと思われますので、一般的には物資の供給ではなく利用事業に該当する場合が多いのではないかと考えられます。

　また、組合員が必要とする物資の購入の斡旋などは、組合が売買契約の当事者になるわけではありませんので、組合員の事業または生活に必要な物資の供給の事業（法10条1項4号）そのものではなく、この事業に附帯する事業（同項15号）に該当すると考えられます。

5 販売事業とは

❀　組合は、事業として、「組合員の生産する物資の運搬、加工、保管又は
販売」（法10条１項８号）をすることができます。

　　販売事業というのは、組合員の生産した物資を組合員のために販売する
事業のことをいいます。

❀　農協法10条１項８号では、販売という言葉は、「運搬」、「加工」それに
「保管」と独立して並列に置かれています。したがって、運搬や加工それ
に保管が、それぞれ販売事業とは独立した事業、すなわち運送事業、加工
事業、保管事業として行われる場合があることが予定されています。これ
に対し、組合員が生産した物資を販売するために、その物資を運搬し、加
工を施し、あるいは一時保管するといった行為は、その物資の販売行為の
一過程としての行為ですので、販売事業ということになります。

❀　運搬事業は、委託を受け組合員の生産する物資を単に運搬する行為の
事業です。また、加工事業は、組合員の委託を受けて組合員の生産物を加
工し、その組合員に引き渡す事業です。保管事業は、寄託物である組合員
の生産した物資の保管事業をいいます。なお、この保管事業を行う組合は、
主務大臣の許可を受けて組合員の寄託物について倉荷証券を発行すること
ができます（法11条の13）。

　販売事業とは、要するに組合員の生産した物資を組合員のために販売する
事業のことをいいます。この事業の場合にも、前述の購買事業の場合と同様、
買取販売と委託販売とがあります。また、購買事業と同様、組合が売買契約
の当事者にはならずに、第三者との間に立って販売の取次・斡旋を行う場合

には、販売事業ではなく販売事業に附帯する事業になります。

　販売事業において取扱対象となる物は、員外利用の場合のほかは組合員の生産し所有する物資ということになりますが、農産物には限りません。

　また、組合員の生産した物資を加工して販売することも販売事業に含むことはいうまでもありませんが、組合員の生産した物資を原料としてまったく新たな物資を生産して販売する場合も販売事業に含まれると考えられています。ただし、加工は、組合が生産した物資について行うものですので、たとえば、組合が加工販売だけの目的で組合員以外の者から物資の全部を買入れてする加工事業は、農村工業の事業として行う場合を除きこれを行うことはできないと解されます。

　なお、加工事業の例には、精米、製粉、製めんなど、組合員の委託を受けて組合員の費用負担において行う加工が考えられますが、組合員自らが組合の加工設備を借りて加工を行うといった場合にはその加工設備を利用する関係になりますので、組合の加工事業ではなく利用事業ということになります。

6 利用事業とは

　組合は、組合員の事業または生活に必要な共同利用施設（医療または老人の福祉に関するものを除く）を設置し、組合員にこれを利用させる事業を行うことができます（法10条1項5号）。この事業は、一般的に「利用事業」と呼ばれているものです。

　　明文をもって医療または老人の福祉に関するものを共同利用施設から除外していることからもわかるように、ここに「施設」というのは単なる建物その他の物理的設備に限りません。ただし、協同組合は、組合員の共同事業として事業を行い、組合員はその事業を利用することを通じて便益を受ける組織ですので、広い意味では組合の事業はすべて共同利用の対象となる施設ということができます。

　したがって、ある事業が法律に定めるいずれの事業に該当するかについては、まず共同利用施設の設置以外の農協法10条1項各号列記のどの事業に該当するかを考えるべきで、ここでいう利用事業については限定的に解釈すべきことになります。

解　説

　　協同組合をつくり、その行う事業を利用することを目的とする協同組合は、いわゆる利用組合であり、農業協同組合等も含めわが国のほとんどの協同組合がこの利用組合です。したがってこの利用組合の行う事業は、広い意味ですべて利用事業であるともいえるわけです。

　　しかし、農協法10条の規定をみてもわかるように、医療に関する施設（同条1項11号）や老人の福祉に関する施設（同項12号）などは共同利用施設の設置の事業とは別に明記され、かつ、共同利用施設から除外する規定が置か

れています。したがって、組合の行う事業の種類として利用事業という場合にはそれよりも狭い意味でとらえられています。

ここでいう共同利用施設には、まず組合員の共同利用に供するための物的設備であるトラクターなどの農作業用の機械等などいろんな施設が考えられるでしょう。物的設備自体については判断に迷うことはないと思われますが、機械設備のように、組合員がそれを借りて使用するのとは異なり、組合が役務を提供する事業については、そう簡単ではありません。共同利用施設を利用する法律関係（利用契約）から考えると、物的な設備であれば民法上の賃貸借や使用貸借が多くなると思われますが、役務の提供などの場合には、民法の請負や準委任その他混合的な契約関係となる場合が生じるでしょう。

共同利用施設から明文で除外され、別に規定が置かれている医療に関する施設と老人の福祉に関する施設などから考えると、物的設備と役務の提供が一体となった託児所や理髪所などが利用事業としては考えられます。

厳密ではありませんが、ごく一般的には、組合員から利用料をもらって行う事業のうち他の事業に該当しないものが利用事業だということがいえます。

7 共済事業とは

✳　組合は、共済事業（法10条1項10号）を行うことができます。

　　この事業は、組合員の死亡や災害など一定の事態（共済事故）が発生した場合に組合員やその遺族などに生ずる財産上の需要に応えるために、組合員が相互に救済しあうことを目的として、組合員との契約（共済契約）により、あらかじめ一定の金額（共済掛金）を拠出させ、共済のために共同準備財産を造成しておき、共済事故が発生したときに、組合員や遺族など（共済金受取人）に一定の金額（共済金）を給付する事業です。

✳　この事業を行うことができるのは出資組合に限られ（同条4項）、また、事業を行うためには総会の決議により「共済規程」を定めて行政庁の承認を受けなければならないこととされています（法11条の17第1項）。なお、この事業を行う農業協同組合連合会は、この事業とそれに付帯する事業および保険会社の業務の代理または事務の代行以外の事業を行うことができないことになっています（法10条25項）。

✳　この事業を行う組合は、共済契約に基づく将来における債務の履行に備えるため、農林水産省令で定めるところにより責任準備金を積み立てなければならない（法11条の32）ほか、支払備金や価格変動準備金の積立て、契約者割戻準備金の積立てなどが求められています（11条の32〜11条の34）。また、この事業を行う農業協同組合のこの事業に係るものとして区分された会計に属する財産、およびこの事業を行う農業協同組合連合会の財産は、農林水産省令で定める方法以外の方法によって運用してはならないこととされています（法11条の38）。これとの関係で、この事業を行う農業協同組合は、この事業に係る会計を他の事業に係る会計と区分して経理しなければならないこととされています（法11条の36）。

✳　以上のほか、事業の公共的性格に照らし、その健全性を確保すること

が求められることから、信用事業と同様に、さまざまな監督上の規制や措置が講じられています。

　農協法に基づく共済事業は、保険と極めて類似した技術（大数の法則を応用した確率計算に基づき全体としての給付・反対給付均等の原則を備える）が援用されていますが、必ずしも保険的技術を援用するもののみに限定されているわけではありません。

　また、民間の保険が、不特定多数の一般人を対象とし、その保険加入を待ってはじめて成り立つものであるのに対し、農協法の共済は、原則として農業協同組合の組合員のみを対象とし、まずその前提としての社員（組合員）契約が存在し、組合員の相互扶助のための事業の一環として行われるという点で、質的な差異があると考えられていますが、最近では、「協同組合による保険事業」と呼ばれるようになっています。とはいっても、共済事業は保険業法（平成７年法律105号）でいう保険業とは性格が異なることから、保険業法の適用は受けないことになっています（同法２条１項）。

　ところで、戦前の産業組合法では、産業組合が共済事業を行うことは認められておらず、協同組合の保険事業は、戦後の農協法によりはじめて法的な根拠を得ることとなったものです。当初の規定は「農業上の災害又はその他の災害の共済に関する施設」（原始農協法10条１項８号）と、強制的な保険制度である農業保険制度では救済できない災害を対象とした見舞金制度を拡充したような共済を想定した規定となっており、現行法のように「共済に関する施設」となり、非出資の組合では共済事業を行えないようになったのは、昭和29年の改正（法律184号）以後のことになります。

　なお、近年になり、根拠法のない無認可共済が社会的問題を惹起するに至ったことなどを背景に、「共済」については、従来、国家による保険監督に

服してこなかったものを保険業法の適用対象にしたり、従来から各種協同組合法に基づいて行われてきたものについても、その根拠法を改正したりして保険業法と同様の監督に服しめるようになってきています。

　さらに、平成20年には商法の保険契約に関する規定を全面的に見直し、商法から独立した保険法（法律56号）が制定され、同法が適用される保険契約とは、「保険契約、共済契約その他いかなる名称であるかを問わず、当事者の一方が一定の事由が生じたことを条件として財産上の給付（生命保険契約及び傷害疾病定額保険契約にあっては、金銭の支払に限る。以下「保険給付」という。）を行うことを約し、相手方がこれに対して当該一定の事由の発生の可能性に応じたものとして保険料（共済掛金を含む。以下同じ。）を支払うことを約する契約をいう」（同法2条1号）として、保険契約には共済契約も含まれることが明文化されました。

8 農村工業事業とは

✳ 　組合は、農村工業を行うことができます（法10条1項9号）。この事業は、農村において農村世帯の副業や兼業の機会としての就業の場を提供するための工業、いいかえれば原材料を加工しての製品の製造および製造にかかわる一連の事柄をいいます。

✳ 　この事業は、組合員の労力を活用するための施設を設け、組合員をこれに就労させて賃金収入を得させることを目的として行われる事業であり、加工原材料は組合員の生産物であるとは限らず、また組合員が必要とする物を生産するものとも限りません。

✳ 　この事業の組合と組合員との関係は、労働力の利用と提供の関係であり、組合員にとってこの事業を利用するというのは、労働力を提供して対価を得ることです。したがって、この事業の員内利用か員外利用かの判断は、労働力の提供者が組合員であるかどうかにかかっていますが、この事業の実態を考慮して、員外利用は、事業年度ごとに組合員の利用分量の100分の100まで認められています（法10条17項、施行令2条）。

この農村工業は、産業組合法にはなかった新たな事業です。

　農地改革の結果誕生した自作農も多くの場合、その経営規模が小さいため農民の収入を支出に合致させることは困難であって、農民の収入を他の財源で補うことが必要だと考えられたことによるものです。そして、豊富な労働力の利用、とくに農作業が実際上なくなる冬季に、工業労働に利用できる工場施設の協同組合による発展は、農家にとってはその必要をみたすに十分な種々の収入を得ることができ、また日本経済の安定に役立つよう最大の生産

を農村から得るといった目的を達成する上で最も有効な方法だと考えられていました。なお、当時発展が望まれていた農村工業の分野としては、毛織物の生産、絹製品加工、家具製造、下駄製造、莚製造、一般に相当の手労働を必要とする小物資の製造などでした。

　ところで、昭和46年には、農村地域工業等導入促進法（法律112号）が制定されますが、これは別の政策的目的によるものです。すなわち、この法律は、「農村地域への工業等の導入を積極的かつ計画的に促進するとともに農業従事者がその希望及び能力に従ってその導入される工業等に就業することを促進するための措置を講じ、並びにこれらの措置と相まって農業構造の改善を促進するための措置を講ずることにより、農業と工業等との均衡ある発展を図るとともに、雇用構造の高度化に資することを目的」としたもので、農地と工場用地の利用調整を図りながら土地の有効利用を図りつつ、農業従事者が導入された工業等に就業することを促進し、農業構造の改善を促進するといった構造政策が主眼の法律です。

　なお、この農村地域工業等導入促進法は、その後の産業構造の変化の中で、全就業者数に占める工業等の就業者数のウエートが低下する一方、農村地域に就業の場を確保するためには、地域に賦存する資源を活用した産業など、工業等以外の産業を導入することが必要となっていることから、本法で導入促進の対象となっている産業の業種を工業等に限定せずに拡大することによって、農村地域において就業の場を確保することを主眼にしたものとするために、平成29年の改正（法律48号）で「農村地域への産業の導入の促進等に関する法律」に改題されています。

　ここで、この農村工業と農協法の加工事業との関係を考えてみましょう。組合員が必要とする物資を供給するために原材料を購入し、製品として供給するためにする加工は「購買事業（法10条１項４号）」の範疇に属する行為となり、組合員の生産物を販売するために加工をする行為は「販売事業（同８号）」の範疇に属する行為となります。また、組合員の生産物に加工だけ

を施して組合員に引き渡す場合には、「加工事業（同8号）」となり、また組合員が自分で組合の設備を用いて加工する場合には「利用事業（同5号）」となります。したがって、農村工業というのは、このいずれにも属さない加工業ということになりますが、組合の事業としての農村工業は、組合員をこれに就労させて賃金収入を得させることを目的として行われる事業であり、原料をどこから入手するか、製品をどこに販売するかは、購買事業や販売事業とは異なり問題にはなりません。

医療または老人の福祉に関する事業とは

⊛　組合は、医療事業を行うことができます（法10条１項11号）。この事業は、病院、診療所の経営、あるいは医師、看護師等を備えて医療行為を行う事業であり、一種の利用事業ですが、その目的に鑑みて利用事業と区別して独立した事業として規定されているものです。

⊛　組合は、老人の福祉に関する事業を行うことができます（同項12号）。なお、この事業も医療事業と同様、一種の利用事業ですが、その目的に鑑みて利用事業と区別して独立した事業として規定されているものです。

　これにより、組合が実施できる事業は、老人福祉法に基づく老人福祉事業およびその他の事業に大別できますが、このうち老人福祉法に基づく事業としては、市町村からの委託により実施する「老人居宅生活支援事業」や市町村への利用申請の窓口としての「老人日常生活用具給付事業」、さらには組合自らが設置・運営主体となって行う老人デイサービスセンター、老人短期入所施設、軽費老人ホーム、老人福祉センターおよび老人介護支援センターの事業が考えられます。このほかには、寝たきり老人等に対する給食宅配サービスや介護保険法に規定する介護老人保健施設または介護医療院の設置なども考えられます。

⊛　以上の二つの事業は、その公益的性格や事業の利用の実態等も考慮して、組合員以外の者の利用は、各事業年度の組合員の利用分量の100分の100までとされています（法10条17項、施行令２条）。

　協同組合による医療事業は、大正時代中ごろの産業組合時代に遡る歴史をもっています。それは、無医村、医師不足への切々たる思いのなかで産業組

合による医療利用事業＝医療利用組合としての取り組みに始まっています。市場が解決できない問題を協同の力によって解決する、ある意味で、もっとも協同組合らしい事業ともいえるでしょう。

　また、老人の福祉については、老人福祉法（昭和38年法律133号）等に基づき行政機関がその施策として実施してきているものですが、急速に高齢化が進んでいる農村地域においては組合員の老人介護等の負担が増大しており、市町村等の福祉施策と相まって、組合は農民の協同組織として、組合員の介護等の活動を効果的に支援していくことが求められていることから、組合が行うことができる事業として法文上明記されたものです。

　なお、老人福祉法における老人福祉施設のうち、「養護老人ホーム」および「特別養護老人ホーム」については、社会福祉法人でなければ設置できませんが、平成19年の老人福祉法の改正（法律130号）により、医療法に規定する公的医療機関に該当する病院または診療所を設置する農業協同組合連合会は、社会福祉法人とみなして特別養護老人ホームの設置主体になることができるようになりました（同法附則６条の２）。

10 農地信託事業とは

✳︎　農地信託事業とは、組合員の委託により、その所有に係る農地等を貸付けの方法により運用すること、または売り渡すことを目的とする信託の引受けを行う（法10条3項）ことを内容とする事業です。

　　この事業を行うことができるのは、組合員の貯金または定期積金の受入れと組合員の事業または生活に必要な資金の貸付けの事業をあわせ行う農業協同組合だけです。

✳︎　ここでいう農地等とは、農地法2条1項に規定する農地（同法43条1項の規定により農作物の栽培を耕作に該当するものとみなして適用する同法2条1項に規定する農地を含む）または採草放牧地、ならびにそれらとあわせて信託することを相当とする森林ならびにその農地または採草放牧地の利用のために必要な土地、立木および建物その他の工作物をいいます（法10条3項、規則1条）。

✳︎　この事業を行うにあたって、信託財産である農地等を信託行為に基づき貸し付け、または売り渡す場合には、信託の本旨に従うほか、組合員または信託規程で定めるその他の者の農業経営の改善に資することとなるように配意してしなければならない（法11条の44）とされています。

✳︎　また、農業協同組合がこの事業を行おうとするときは、総会の決議により信託規程を定めて行政庁の承認を受けなければならないこととされており（法11条の42）、これに違反した役員は、処罰の対象となります（法101条1項9号）。

解説

　この事業は、昭和36年に制定された旧農業基本法18条に規定する農業構造の改善を図る施策の一環として、農地の権利移動の円滑化に資する目的で昭和37年の改正により創設されたものです。すなわち、「国は、農地についての権利の設定又は移転が農業構造の改善に資することとなるよう、農業協同組合が農地の貸付け又は売渡しに係る信託を引き受けることができるようにするとともに、その信託に係る事業の円滑化を図る等必要な措置を講ずるものとする」（旧農業基本法18条）との規定に基づき制度化されたもので、農地制度と密接な関係をもっています。

　農地は、農地法の許可を受ければ、貸し借りや売買は自由です。しかし、許可が必要であるうえ、貸してしまうとなかなか返してもらえず、しかも一定の小作地（一定面積を超える小作地や不在地主の小作地）は、原則として国に買収されてしまうといったことから、賃貸借という形での流動性が低いといわれていました。さらに、貸したり売ったりする場合もその農地が本当に農地を必要とする農民に渡っているともいえない場合も少なくなかったといわれていました。

　こうした問題を解決する手段として考え出されたのが農地信託事業です。信託とは、他人（受託者）をして一定の目的に従い財産の管理処分をさせるために財産の所有者（委託者）がその所有権を受託者に形式的に移すことをいいます。この信託の手法によると、農地を貸したり売ったりしようとする農民は、直接、借り手や買い手と交渉せずに、農業協同組合に信託に出して借り手や買い手を探してもらうことになりますが、農民としては、間に立っている者が自らの組織である農業協同組合ですので安心ですし、農地政策上もこの信託事業により貸し付けられている小作地については小作地保有制限を課す必要もないことになります。

　これにより信託の受託者である農業協同組合は、信託に出した人（委託者）

が設定した目的に従って、その農地等を貸し付けあるいは売却し、その貸付料や売却代金から必要経費を差し引き、残りを委託者に交付することになります。なお、信託の目的は、貸付の方法に運用するか、または売り渡すことに限定されていますし、信託に出せる財産は前述のように農地等に限定されています。

　信託規程には、事業の実施方法および信託契約に関して農林水産省令で定める事項を記載しなければならず、規程の設定、変更および廃止は行政庁の承認が必要です（法11条の42）。これは、事業の健全な運営を確保することによって組合員等の保護が図れるようにすること、さらに農業構造の改善といった一定の政策目的を実現するために、その目的を逸脱することがないよう監督する必要性があるということで、信託業が免許事業であるように一種の許可事業としたことによるものです。

　なお、この事業については、信託法（平成18年法律108号）の適用がありますが、農業協同組合が行う農地等の信託という特殊性から、農協法には信託の終了を命ずる裁判等を除き裁判所の権限を行政庁の権限とする規定（法11条の45）、信託終了の事由に関する特別の定め（法11条の46）、および信託法の一部を適用除外にする規定（法11条の47）のほか、行政庁の監督作用についての特別の定め（法95条3項など）が置かれています。

11 宅地等供給事業とは

✳ 組合員に出資をさせる組合は、農協法10条1項に掲げる事業のほか、組合員の委託等を受け、転用相当農地等の売渡し、貸付けおよび区画形質の変更等の事業を行うことができます（法10条5項）。ここで転用相当農地等というのは、農地その他の土地で農業以外の目的に供されることが相当と認められるものをいいます（同項かっこ書）。

✳ この事業は、その対象である転用相当農地等について、所有権その他の使用収益権を取得するものであるかどうかという点とその権利の種類を基準として、次の三つに分けられます。

① 組合が転用相当農地等の使用収益権を取得しないで行うもの

組合員の委託を受けて、その所有に係る転用相当農地等を売渡しもしくは貸付け（住宅その他の施設を建設してする当該土地または当該施設の売渡し、または貸付けを含む）または区画形質の変更をする事業

② 組合が転用相当農地等の借地権を取得して行うもの

組合員からその所有に係る転用相当農地等を借入れ、その借入れた土地を貸し付ける（その土地の区画形質を変更し、または、住宅その他の施設を建設してするその土地の貸付けまたはその施設の売渡しもしくは貸付けを含む）事業

③ 組合が転用相当農地等の所有権を取得して行うもの

組合員から、その所有に係る転用相当農地等を買い入れ、その土地を売り渡しまたは貸し付ける（その土地の区画形質を変更し、または、住宅その他の施設を建設してするその土地またはその施設の売渡しもしくは貸付けを含む）事業

✳ 組合がこの事業を行おうとする場合には、総会の決議により宅地等供給事業実施規程を定め、行政庁の承認を受けることを要し（法11条の48）、

　これに違反した役員は処罰の対象となります（法101条１項10号）。

　なお、この事業を実施するためには、一部の事業を除き、別途、宅地建物取引業法（昭和27年法律176号）に基づく免許が必要となります。

　この事業は、組合員が所有する農地の転用等に組合が介在することにより、農業とそれ以外の利用目的との調和をした土地利用を計画的に推進するとともに、組合員の住宅経営の円滑化と組合員の生活の安定に資することを目的にしたものです。

　この事業は、昭和45年の法律改正（法律55号）により、「農地等処分事業」として認められたもので、当初は、転用相当農地につき組合員から委託を受けまたは買入れ、これに区画形質の変更を加え、第三者に売渡しすることだけが認められていましたが、48年の改正（法律45号）により、区画形質を変更して単に売渡しだけでなく、その土地に住宅を建設して売渡すことが認められ、さらに売渡しによらず貸付けをすることも認められました。また、転用相当農地等を借入れて、区画形質を変更しそのうえに住宅を建設して貸付けることも認められ、名称も「宅地等供給事業」に改められました。

　前述のようにこの事業を行う組合を組合員との関係でみると、転用相当農地等については①委託、②買入れ、③借入れの三つの方式があり、住宅等の供給の相手方との関係では、それぞれ①売渡しと、②貸付けの２方式（転用相当農地等の借入れの場合には当然ですが貸付けのみです）があります。これに区画形質の変更または住宅等の建設が加わることになります。

　転用相当農地等とは、前述のように農地その他の土地で農業以外の目的に供されることが相当と認められるものをいいますが、この事業につき員外利用を認める場合にはその員外者の所有の土地であればよいと解されています。また、「農業以外の目的に供されることが相当と認められる」とは、社会通

念に従って判断することになります。

　その事業が認められた趣旨に照らし、秩序のない無計画な宅地造成等が行われないよう、農林水産省令で定めるところに従い、事業実施の基本的事項を内容とする宅地等供給事業実施規程を定め、行政庁の承認を受けなければならないこととされています（法11条の48）。また。その変更または廃止も当然ながら行政庁の承認が必要です（同条）。宅地等供給事業実施規程に記載すべき事項としては、事業の実施方法に関する事項として、①事業の種類、②事業の実施地区の範囲、③事業の実施方針、④事業の経理の区分が、そして契約に関する事項としては、①契約の締結方法、契約の相手方、③手数料等の基準があります。

　なお、この事業を実施するには、宅地建物取引業法（昭和27年法律176号）に基づく免許が必要となるほか、都市計画法（昭和43年法律100号）や借地借家法（平成３年法律90号）などにも留意する必要がでてきます。

12 農業経営の受託事業とは

✺　出資組合は、組合員の委託を受けてする農業経営の事業を行うことが
できます（法10条2項）。この事業は、組合が組合員から委託を受けた農
業経営を主宰し、委託を受けた組合の名でもって、委託者の組合員の計算
において行われるものをいいます。

✺　委託者は、農業経営の結果生じた損益の帰属者となりますが、生産物
の所有権など、その農業経営において生じる権利義務は受託者である組合
に帰属しますので、農地等の使用収益権は農業協同組合に帰属すると解さ
れます。

　このため、委託者および受託する農業協同組合は、農地法3条2項の規
定により農地等を使用収益する権利の設定について、都道府県知事の許可
を受けることが必要となります。

解　説

　この事業は、昭和45年の改正（法律55号）により創設されたものですが、
当時、組合員からの依頼に基づく農業協同組合による請負耕作という形態が
全国的に広がり、それは農作業の一部から農作業の全部の委託へ、さらに進
んで農業経営そのものまでも組合に任せるという段階までに至ってきたこと
を背景にしています。農業協同組合は組合員の行う農業経営をその行う事業
を通じて助成することを任務としていますので、農業協同組合が自らのリス
ク負担において農業経営を行うことは、農民の行う農業経営と競合するばか
りでなく農民の利益を図るうえで好ましくありません。しかし、一方では、
農村の実情といえば、請負耕作から農業の経営そのものの委託といった形態
にまで進展しているなかで、農地法の許可を得ていない違法な小作の状態が

出現していたわけです。こうした違法な状態を放置することはできませんので、その解決と農村の実情からの要請との調整の結果誕生したものが、この農業協同組合による農業経営の受託事業といえます。

　農業経営の受託とは一体何かについては法律上の定義がなく、法律の条文を読んだだけではよくわからないと思いますが、この事業を行うにあたっては「農業経営受託規程」を作成し総会で承認を受けたところに従って行うよう指導されています。農林水産省が当時示した規程例によれば、この受託農業経営というものの性格は、その事業から生ずる損益は委託者に帰属するものとされている一方で、経営の主宰権と収穫物の所有権は、受託者である農業協同組合に帰属するというものになっています。

　したがって、農作業の受託とは経営の主宰権と収穫物の所有権が受託者に帰属するという点で異なり、また経営にともなうリスクを負担しないという点で、小作人として行う農業経営とは異なるものとして設定されたといえます。

　このように、生産物の所有権など、その農業経営において生じる権利義務は受託者である組合に帰属し、委託者は、農業経営の結果生じた損益の帰属者となるため、農地等の使用収益権は農業協同組合に帰属すると解されます。そのため、委託者および受託する農業協同組合は、農地法3条2項の規定により農地等を使用収益する権利の設定につき、都道府県知事の許可を受けることが必要となるわけですが、この事業を行う受託者である農業協同組合が、委託者である農地等所有者から使用収益権を取得できるよう、農協法の改正にあわせて農地法が改正されています（同項ただし書）。

　この事業そのものは積極的に進めるべきものでもなく、この事業を通じて、集団的生産組織の育成、委託者の農業経営の専門化、委託者の他産業への就業の円滑化に資することが期待されていたように、便宜的・過渡的な性格のものといえます。

　会員に出資をさせる農業協同組合連合会も当初からこの受託農業経営の事業は認められていましたが、こうした背景のもと、農地の権利移動のともな

う農業経営の受託は、地域の事情に精通する農業協同組合だけに認められていました。したがって、連合会については、農地の権利移動のともなわない畜産関係の農業経営の受託というものが畜産農家の負債整理等も兼ねて期待されていたといえます。しかし、平成21年の農地法改正（法律57号）により、農業協同組合連合会も農地等の使用収益権を取得することが認められることになりました。

13 農業経営の事業とは

❋ 出資組合は、効率的かつ安定的な農業経営を育成するために、次に掲げる場合には、農協法10条に規定する事業のほか、農業の経営およびこれに附帯する事業を行うことができます（法11条の50）。

① その組合の地区内にある農地または採草放牧地のうち、その農地または採草放牧地の保有および利用の現況および将来の見通しからみて、その農地または採草放牧地の農業上の利用の増進を図るためには、組合が自ら農業の経営を行うことが相当と認められるものについて、農業の経営を行う場合

② 農地または採草放牧地を利用しないで行う場合において、①に掲げる場合に準ずる場合として農林水産省令で定めるとき

❋ この事業を行う場合には、①組合の営む農業に常時従事する者の3分の1以上はその組合の組合員または組合員と同一の世帯に属する者でなければならず（法11条の50第2項）、②農業経営の実施につき正組合員総数（連合会にあっては正会員総数）の3分の2以上の正組合員（連合会にあっては正会員）の同意が必要とされています（同条3項・4項）。

なお、正組合員の総数が農林水産省令で定める数を超える農業協同組合にあっては、この書面による同意は煩雑であるので、別途これに準ずる手続が用意されています（同条5項・6項）。

❋ 組合がこの農業経営の事業を実施しようとする場合には、信用事業、共済事業、農地信託事業および宅地等供給事業におけると同様、総会の決議により農業経営規程を作成して行政庁の承認を受けることが必要です（法11条の51）。これに違反した役員は処罰の対象となります（法101条1項11号）。

❋ なお、この農業経営の事業に関しては、組合員の利用という関係は生じないので、員外利用の問題はそもそも生じません。

　この事業は、農業経営基盤強化促進法（昭和55年法律65号）において、農地保有合理化法人の農地保有合理化事業の一環として中間保有期間中の農地の積極的活用を図るための研修その他の事業が創設されたことを踏まえ、平成5年の改正（法律70号）で創設されたものです。

　その後、平成21年の「農地法等の一部を改正する法律（法律57号）」による農地の貸借の規制の見直しにともない、組合（連合会を含む）が、農地の農業上の利用の増進を図るため、自ら、農地の貸借により農業経営の事業を行うことが認められました。

　この事業のみを行う組合は認められず、また組合員の営む農業を助成するための事業を行うことが本来の役割の組合が農業経営を行うのは、組合員の営む農業と競合関係に立つことでもあるので、組合が農業経営を行う場合には、従事者についての要件のほか組合員の多数の同意を得た上で実施するといった慎重な手続規定が設けられています。

　すなわち、組合がこの事業を行う場合には、漁業協同組合および森林組合が漁業経営および林業経営を自ら行う場合における要件に準じて、①組合の営む農業に常時従事する者の3分の1以上はその組合の組合員または組合員と同一の世帯に属する者でなければならないとされている（法11条の50第2項）ほか、②農業経営の実施につき正組合員総数（連合会にあっては正会員総数）の3分の2以上の正組合員（連合会にあっては正会員）の同意を必要としています（同条3項・4項）。また、農業協同組合連合会の会員である組合が、その連合会の農業経営につき同意をするにあたっては、会員たる組合の総会に正組合員の半数以上が出席し、その議決権の3分の2以上の多数による決議を経ることが必要であるとしています（同条9項前段）。そしてこのことは、農業経営を行おうとする農業協同組合連合会を間接に構成する農業協同組合が、その農業協同組合連合会の農業の経営に関し、その農業協

同組合が属する農業協同組合連合会の総会において議決権を行使する場合においても同様です（同項後段）。

　ところで、この「同意」は、正組合員の総数が農林水産省令で定める数を超える農業協同組合にあっては、煩雑すぎるため不要とされています（法11条の50第５項）が、この同意を得ないで農業経営を行う場合には、その農業協同組合の総会に総正組合員の半数以上が出席し、その議決権の３分の２以上の多数による決議を得ることが必要となります（同条６項）。その上で、決議の日から２週間以内に、その決議の内容を公告し、または組合員に通知をしなければなりません（７項）。そして、正組合員総数の６分の１以上の組合員がその公告または通知の日から２週間以内にその農業協同組合に対し書面をもって農業の経営に反対の意思の通知を行ったときは、その決議は効力を有さず、本則に従い、総正組合員の３分の２以上の書面による同意を得なければ、農業の経営を行うことはできないとされています（同条８項）。

　なお、農林水産省令で定める農地または採草放牧地を利用しない農業経営が認められる場合というのは、①組合の地区内にある農業用施設のうち、その農業用施設の保有および利用の現況および将来の見通しからみて、その農業用施設の農業上の利用の増進を図るためには組合が自ら農業の経営を行うことが相当と認められるものについて農業の経営を行うとき、②効率的かつ安定的な農業経営を育成するため、組合の地区内にある農業用施設を利用して新たに農業経営を営もうとする者が農業の技術または経営方法を実地に習得するための研修その他の事業を実施するとき、となっています（規則51条の２）。

14 団体協約とは

✳　組合は、組合員の経済的地位を改善するための団体協約の締結をすることができます（法10条１項14号）。

　　団体協約とは、組合とその組合員の取引先とが当事者となって、これら組合員とその取引先が締結する取引契約の内容となるべき取引条件の基準などを定める契約です。組合員とその取引先との契約の内容を規律する規範の設定を本質的内容とすることから、規範設定契約であるといわれます。

✳　団体協約の締結は、労働協約と同様、書面によってすることによって効力を生じる（法11条の49）要式行為であり、その内容は、効力の面から債務的部分と規範的部分の二つに分けられます。

✳　債務的部分というのは、団体協約を締結する当事者間で守られるべき義務を定めた部分で、その効力は一般の契約の効力と同じで、義務を履行しない当事者は相手方に対して債務不履行の責任を負うこととなる（民法415条）ものをいいます。

✳　規範的部分というのは、団体協約の当事者である組合の組合員と、一方の当事者であるその取引先との関係で締結される取引契約の内容となる取引条件等の規準を定めた部分で、規範設定契約である団体協約の本質をなす部分です。その効力は規範的効力と呼ばれ、団体協約特有の効力で、当該契約の当事者たる組合の組合員と他方の当事者たるその取引先との間で締結される取引契約に定める取引条件でこの規範的部分に定めた規準に違反する部分は無効とされ、その無効とされた部分は団体協約に定めた規準によって契約したものとみなされます（法11条の49第２項）。

✳　この団体協約は、組合員の経済的地位の改善のために締結するものですから、その規範的部分に定める規準は、組合員の利益となる事項についてはその最低限を、組合員の負担となる事項についてはその最高限を定め

るものでなければなりません。

　なお、組合員は、締結された団体協約の効果は受けることになりますが、この事業を利用するという関係は生じませんので、その他の事業と異なり、員外利用もありえません。

解　説

　この団体協約の制度は、戦前の産業組合法にはなかったもので、戦後の農協法によりアメリカの制度にならって導入されたものだといわれています。

　その趣旨は、労働組合法における労働協約と同様の趣旨によるものですが、労働協約におけるような一般的拘束力（労組法17条・18条）は認められず、団体協約の効力が及ぶ範囲は契約の相手方と組合員だけです。

　労働協約の一般的拘束力とは、労働協約の労働条件その他の労働者の待遇に関する基準は、協約を締結した労働組合の組合員だけではなく、一定の要件のもと事業場単位さらには地域単位で他の労働者にも適用されることになることをいいますが、農協法の団体協約にはこのような効力は認められません。

　この団体協約は、その種類および範囲には特段の制限はなく、組合員の経済的地位の改善・向上という目的を逸脱しないかぎり、あらゆる種類の団体協約を締結することができます。わが国で過去に団体協約が締結された例には、組合員が製糸会社や乳業会社に繭や生乳を直接販売している場合において、その取引条件について結ばれることが考えられていたようですが、会社にとっては取引に一定のロットが必要ですので、団体協約だけではなく組合員との間では対象となる生産物の全部を組合を通じて販売する専属利用契約とがセットになった例が多かったようです。

　平成27年の改正（法律63号）は、団体協約に関する規定には手を加えず、いわゆる専属利用契約に関する規定（旧19条）のみ削除しましたが、協約の相手先にとっては安定的に一定の数量・品質を確保することが必要となるた

め、団体協約を実効あらしめるためには、別途契約によってそれを保障する
仕組みが引き続き不可欠となるでしょう。

15 員外利用とは

✳ 　員外利用とは、組合員以外の者による組合が行う事業の利用をいいます（法10条17項）。

　　組合は、組合員に最大の奉仕をすることを目的として組合員にその事業を利用させることを本来の任務とする団体ですので、その事業の利用は、本来は組合員に限られるべきですが、農協法は一定の範囲において組合員以外の者にも事業の利用の途をひらいています。

✳ 　員外利用を認めるかどうかは、法律の範囲内において組合のまったくの自由で、員外利用を認める場合には、必ず定款にその旨を定めなければなりません（同項本文）。法律で員外利用の制限を課していない事業であってもこのことに変わりありません。そして、員外利用を認める場合、特定の事業について、あるいは特定の員外者について、あるいは特定の限度においてこれを認めることも組合の自由であり、これらの範囲を限定する場合にも、その旨定款で定めなければならないことになります。

✳ 　農協法の員外利用に関する規制の方法は、複雑です（同条17項、18項、20項〜22項）。農協法では、員外利用分量規制を課さない事業を除き、許容する員外利用分量に関する限度を員外利用の総量規制として１事業年度における組合員以外の者の事業の利用分量の額は、原則として、その事業年度における組合員の事業の利用分量の額の５分の１を超えてはならないとしています。そして、①一定の事業（たとえば医療事業等）については、５分の１ではなく組合員の利用分量と同額までとして、その限度を緩和し、②一定の事業については、組合員の利用分量の額以外の基準を用いて員外利用の限度を定め、③債務の保証や有価証券の貸付けなど量的な限度規制はせずに相手方（員外者）の範囲を限定しています。

　　また、一定の事業（たとえば、資金の貸付けや貯金の受入れなど）につ

いては、その員外利用の額を計算するうえで、一定範囲の組合員以外の者の利用を組合員の利用とみなしています。

　なお、員外利用分量規制を課さない事業については、二つのタイプがあり、一つは事業の種類によって定めるものと（為替取引や資金の貸付けまたは貯金の受入れの業務に付随・関連する信用事業）、もう一つは特定の員外者の利用を利用分量規制から除外するもの（地方公共団体や金融機関等への貸付け）です。

　このほか、とくに販売事業については、別途の特例があります。すなわち、組合は、組合員のためにする事業の遂行を妨げない限度において、定款の定めるところにより、組合員の生産する物資の販売の促進を図るため組合員の生産する物資とあわせて販売を行うことが適当であると認められる物資を生産する他の組合の組合員等に販売事業を利用させることができることになっています。

※　員外利用の制限に違反した場合としては、定款に定めないで員外利用をさせた場合と、定款に員外利用を認める規定があるものの法令・定款に定める限度を超えて員外利用をさせた場合の二つが考えられます。

　前者の場合には、定款に定めのない事業を行った場合と同様、その員外利用行為が無効とされるほか、組合に対しては行政庁による必要措置命令（法95条1項）が発せられることがあります。また、役員に対しては場合により組合の事業の範囲外において貸付け等をしたものとして刑罰の対象ともなり（法99条）、過料に処せられ（法101条）、さらには損害賠償責任が追及される場合があります。また、法令または定款違反を理由に役員改選（解任）請求の事由となります。

　後者の場合には、法令または定款に違反することにはなるもの行為自体は有効です。そしてこの場合にも、行政庁による必要措置命令が発せられることがあり、また役員は、場合によって損害賠償責任が追及されることがあり、また法令または定款違反を理由に役員改選（解任）請求の事由となります。

解説

　協同組合に関し、員外利用を法律上認めるか、認める場合にどの範囲で認めるかについては、協同組合の目的や性格等に応じ、各種の協同組合法においてそれぞれ異なった態度をとっています。また、時代とともに変遷がみられます。現在の農協法における員外利用規制はその内容が複雑になってきていますが、制定当初の農協法は、「組合は、定款の定めるところにより、組合員以外の者にその施設を利用させることができる。ただし、1事業年度における組合員以外の者の事業の利用分量の総額は、当該事業年度における組合員の事業の利用分量の総額の5分の1を超えてはならない」（原始農協法10条3項）と定めるだけでした。

　これは、戦後の農村の実態に照らし、農村における経済機関として、組合員以外の者であっても組合の事業を利用できることが実際問題として必要であったこと、また、恒常的な事業分量を確保し経営を安定させることが組合員の経済を助成する目的を達成するうえで有用であること、さらには、協同組合の社会的意義を大きくすることにつながる等の理由により、農協法は、本来の目的や性格に反しない一定の範囲において、組合員でない者が組合の事業を利用しうる途をひらきました。

　各組合が員外利用を認めるかどうかは自由であり、これを認める場合には定款で定める必要があり、また認める場合においても、法律の定める範囲内においてその範囲を限定し、特定の事業または特定の者について、さらには特定の限度で認めることも差し支えありません。なお、農協法10条1項の事業のうち、「団体協約の締結」は、組合と組合員との直接の利用関係によって成り立つものではなく、員外利用の問題は生ずる余地はありません。

　この員外利用の問題は、理論的にも種々の問題を内包していますが、農協法における員外利用許容の態様およびその限度ならびに員外利用規制に違反した場合の法的な効果の問題について説明しておきましょう。

　まず、員外利用許容の態様と限度ですが、組合員以外の者の利用分量は、原則として、1事業年度における組合員の事業利用分量の5分の1を超えてはならないこととされていますが（法10条17項）、事業の性格により種々の例外が認められ、また、一定の者の利用を組合員の利用とみなすなど、複雑な規定となっています。具体的には、資金の貸付けの事業（法10条1項2号）および貯金または定期積金の受入れの事業（同項3号）ならびに手形の割引の事業（同条6項1号）にあっては、組合員の事業利用分量の4分の1まで員外利用を許容し、医療事業（同条1項11号）にあっては、その事業の公共性等に照らし、組合員の事業利用分量の100分の100まで組合員以外の者の利用を認めています（施行令2条第1号・2号）。この医療事業と同じ限度まで員外利用が認められている事業に、加工事業（法10条1項8号）、販売事業のうち畜産経営の安定に関する法律（昭和36年法律第183号）2条4項1号の生乳受託販売および生乳買取販売に係るもの（同条10条1項の規定による指定を受けた生乳生産者団体が行うものに限る）、農村工業事業（法10条1項9号）、老人福祉事業（同項12号）および農地信託事業（同条3項）があります（施行令2条第2号）。

　なお、資金の貸付けについては、別途、①地方公共団体または地方公共団体が主たる構成員もしくは出資者となっているか、もしくは、その基本財産の額の過半を拠出している営利を目的としない法人に対する資金の貸付け（法10条20項1号）、②農村地域における産業基盤または生活環境の整備のために必要な資金で政令で定めるものの資金の貸付け（同項2号、施行令4条）、および③銀行その他の金融機関に対する資金の貸付け（同項3号）については、定款の定めるところによって、員外利用制限の規定にかかわらず、組合員のためにする事業の遂行を妨げない範囲であれば、貸付先が組合員以外の者であっても行うことができることになっています。

　さらに、資金の貸付けの事業（同項2号）にあっては、組合員と同一の世帯に属する者または地方公共団体以外の営利を目的としない法人に対して、貯金または定期積金を担保として貸し付ける場合におけるこれらの者、貯金

または定期積金の受入れの事業（同項3号）にあっては、組合員と同一の世帯に属する者および営利を目的としない法人、共済事業（同項10号）または老人福祉事業（同項12号）にあっては、組合員と同一の世帯に属する者、受託農業経営事業（法10条2項）、農地信託事業（同条3項）または宅地等供給事業（同条5項）にあっては、組合員と同一の世帯に属する者および組合が委託を受け、信託の引受けを行い、または借入れをする際に組合員または組合員と同一の世帯に属する者であった者等は、員外利用分量の計算上、組合員とみなすこととされています（同条22項）。

また、販売事業については、組合員のためにする事業の遂行を妨げない限度で、定款の定めるところにより、組合員が生産する物資の販売の促進を図るため組合員が生産する物資とあわせて販売を行うことが適当であると認められる物資を生産する他の組合の組合員等にその事業を利用させることができることになっています（同条21項、規則3条）。

員外利用分量制限の基準は、原則として、組合員の利用分量の額ですが、組合員の利用分量以外にその基準を求めているものがあります。すなわち、資金の貸付けおよび貯金または定期積金の受入れの事業をあわせ行う組合のうち、組合員に対する資金の貸付けその他資金の運用状況、その他地区内における農業事情その他の経済事情等からみて、資金の安定的かつ効率的な運用を確保するため、組合員以外の者に資金の貸付け（同項2号）および手形の割引（法10条6項1号）の事業を利用させることが必要かつ適当であるものとして行政庁が指定するもの、いわゆる指定組合については、その組合の貯金または定期積金の合計額の100分の20以内において政令（施行令3条）で定める割合を乗じて得た額を超えない範囲内で、組合員以外の者にこれらの事業を利用させることができることになっています（法10条18項）。

以上のほか、農協法10条6項1号の「手形の割引」を除き、為替取引等、同項各号に掲げる事業ならびに同条7項の「金融商品引受業務」、「信託業務」等の各事業については、員外利用分量制限の対象外とされています。同

条8項の「保険会社の業務の代理または事務の代行」については、農協法本則には制限規定が置かれていませんが、農林水産省令（規則2条3項・4項）で、組合員の利用分量の5分の1の範囲に限られています。

　なお、「債務の保証及び手形の引受け（法10条6項3号）」、「有価証券の貸付け（同4号）」ならびに「地方債又は社債その他の債券の募集又は管理の受託（同条7項5号）」および「担保付社債に関する信託事業（同項6号）」については、員外利用分量の制限はありませんが、その相手先の制限があります（命令6条）。これらの事業については、金融機関一般の業務として組合員以外の者の利用に制限を加えなくても組合員の利用の妨げにはならないこと等を配慮した措置であると解されます。

　ところで、員外利用分量の算定にあたっては、1事業年度における事業の利用分量を累計してなされるべきことはいうまでもありませんが、どの単位、区分でそれを計算するかは決して簡単ではありません。農協法10条1項各号の事業ごとに行われるべきことはもちろんですが、その事業が異なった性質の行為からなる場合には、その性質が同じ行為の区分ごとに、その行為の性質に応じて、取扱数量、価格、手数料等に基づき計算されるべきでしょう。

　最後に、員外利用規制に違反した場合の法的効果ですが、まず員外利用分量の制限の限度は、法律によって定められている関係上、これに違反した場合には法令違反といった問題が生じます。しかし、一時点において員外利用の割合が法令・定款に定める限度を超えたとしても法令違反にはならず、また、1事業年度の員外利用がその限度を超過した場合であっても、行政処分の対象（法95条）や役員の責任問題等を別にして、組合員以外の者が組合の事業を利用するという法律行為そのものの法律上の効力には影響を及ぼすものではないと解されています。単独の員外利用行為によって員外利用分量制限違反の結果が生じることは制度上予定するところではなく、契約時点では知りえない結果をもって員外利用行為の無効原因と解するとすれば、取引の安全を著しく害することになるからです。

III

組 合 員

1 農業協同組合の組合員資格について

⊕ 協同組合の組合員資格について、法律で一定の制限を付すべきか、制限を付す場合にどの程度の制限を付すかは、立法政策の問題ですが、それは組合の性格を大きく左右することになります。

⊕ 法律では、組合員たる資格については、各組合の定款に必ず記載しなければならない事項（法28条1項5号）とした上で、「次に掲げる者で定款で定めるもの」（法12条1項柱書）として、組合員たる資格についての限定的な大枠の定めを置いています。したがって、各組合における組合員の資格については、法律の規定の範囲内においてそれぞれの定款で定めるところによって決まってきます。

⊕ 農協法の組合員資格の定めに関する大きな特徴は、農業者と農業者以外の准組合員と呼ばれる2種類の組合員を規定していますが、「農業者の協同組織」（法1条）としての性格を維持するために、准組合員には議決権や選挙権といった組合の管理運営に直接参画する権利を付与しないことにしていることです。

解 説

　協同組合の組合員資格について、法律で一定の制限を付すべきか、制限を付す場合にどの程度の制限を付すかは、立法政策の問題ですが、わが国の各種の協同組合法は、この組合員資格の違い——それは各協同組合が行うべき事業を各協同組合法によって定めることと表裏一体の関係にあります——に基づき、区別され、性格づけられています。

　そして農協法の大きな特徴の一つは、議決権や選挙権等を有さない准組合員という範疇の組合員を規定している点です。なお、准組合員制度は、農協

法のほかにも水産業協同組合法（昭和23年法律242号）による漁業協同組合や森林組合法（昭和53年法律36号）による森林組合でも採用されています。

　この准組合員制度は、農村の民主化と非農民的利害に支配されない協同組合の確立を図るという立法趣旨に基づき、戦後の農協法が組合員の主体について勤労農民に限定するといった極めて制限的な措置を講じた結果によるものです。なお、正規の組合員以外に准組合員を認めたのは、農村に居住していて農民でない個人や農民の団体が組合員になれないとすると、組合の事業を利用したくても員外利用として許容される範囲でしか事業を利用できないことになり、これらの者にとって不便であるばかりでなく、組合としても事業運営の安定という見地から可能な限り事業分量を確保することが望ましく、せめてこれら組合に地縁的関係のある個人や農民と同視できる農民団体などについては、組合員としてその利用の途をひらこうという趣旨によるものであるといわれています。

　法律上、「正組合員」という表現はありませんが、准組合員に対する概念として農業者たる組合員を一般に正組合員といっています。正組合員資格を有する者だけを組合員にするよう定款に定めることは可能ですが、一般的には組合は、正組合員と准組合員の２種類の組合員によって構成されています。

　この組合員資格に関しては、その後の数次にわたる改正の結果、その拡大が行われてきていますが、ちなみに制定当初の農協法における農業協同組合の組合員資格は、「農民」（法12条１項１号）と「前号に掲げる者の外、農業協同組合の地区内に住所を有する者で当該組合の施設を利用することを相当とするもの」（同項２号）となっていました。後者は准組合員資格で条文上は団体を含むように読めますが、指導上は個人に限定されていました。

　ここでは、農業協同組合の性格、ひいては農協法の性格にも影響が及ぶ農業協同組合の正組合員資格に限定して、その後どのような改正が行われたかを見ておくことにしましょう。

　当初の正組合員資格は、「農民」ということで個人に限定されていたわけ

ですが、旧農業基本法の制定を受けた農事組合法人制度の創設および農地法改正による農業生産法人制度の創設にともない、昭和37年の改正では専ら農業の経営を行う法人が追加されています。さらに平成13年の改正では、それをさらに一歩進める改正が行われており、農業経営を行う法人は、専ら農業経営を営むかどうかにかかわらず正組合員資格が付与されるとともに、農民と農業経営を営む法人があわせて「農業者」という概念で括られ、その権利も農民である組合員と同等なもの（たとえば、役員になれる資格等）にし、あわせて農協法の目的規定に関しても「農民の協同組織」から「農業者の協同組織」に改められています。

2 組合員や会員になれるのはだれか

　組合の組合員や会員になれるのは、次の農協法に規定する組合員資格の範囲内において、それぞれの組合の定款において定める具体的な資格要件を満たすものになります。

1　農業協同組合の組合員たる資格

　法律が定める農業協同組合の組合員資格を有する者は、次の者です（法12条1項）。このうち①が正組合員で、それ以外は准組合員です。

① 　農業者（組合を除く）

② 　その農業協同組合の地区内に住所を有する個人またはその農業協同組合からその事業に係る物資の供給もしくは役務の提供を継続して受けている者であって、その農業協同組合の施設を利用することを相当とするもの

③ 　その農業協同組合の地区の全部または一部を地区とする農業協同組合

④ 　農事組合法人等その農業協同組合の地区内に住所を有する農民が主たる構成員となっている団体で協同組織のもとにその構成員の共同の利益を増進することを目的とするものその他その農業協同組合またはその農業協同組合の地区内に住所を有する農民が主たる構成員または出資者となっている団体（上記①～③に掲げる者を除く）

2　農業協同組合連合会の会員たる資格

　法律が定める農業協同組合連合会の会員資格を有する者は、次の者です（法12条2項）。このうち①が正会員で、それ以外は准会員となります。

① 　組合

② 　他の法律により設立された協同組織体で組合の行う事業と同種の事業

を行うもの

③　組合が主たる構成員または出資者となっている法人（次に掲げる者を除く）

㈑　上記の①および②に該当する者

㈿　貯金または定期積金の受入れの事業を行う農業協同組合連合会（信連）にあっては、その子会社である証券子会社等

㈺　共済業を行う農業協同組合連合会（共済連）にあっては、その子会社である保険子会社等

　まず、法律に定める農業協同組合の正組合員たる資格は、農業者であることです（法12条１項１号）。

　農業者とは、農民または農業を営む法人（常時使用する従業員数が300人を超え、かつ、その資本の額または出資の総額が３億円を超える法人は除く）をいいます（法２条１項）。

　農民とは、自ら農業を営み、または農業に従事する個人をいい（同条２項）、また農業とは、耕作、養畜または養蚕の業務（これに付随する業務を含む）をいいます（同条３項）。薪炭生産の業務は、本来的には農業とはいえませんが、農民が行う薪炭生産の業務（これに付随する業務を含む）については、農協法の適用上は農業とみなすこととしています（同条４項）。

　「自ら農業を営む」とは、自己の計算によって農業を経営する者であって、その農業について自らその経営に係るリスクと責任を負担することを意味し、自ら農業労働に従事する必要はありませんが、他人に農業の請負をさせるとか、経営の実際を他人に任せることによって単にその収入の結果が事実上自己に帰属するにすぎない者は、これに該当しません。また、「農業を営む」とは、営利の目的をもって継続的かつ反復的に業として耕作、養蚕等を行う

意味であり、単なる試験研究の目的をもってこれらを行うといった場合や自家菜園として耕作をしているにすぎない場合は、農業を営むとはいえません。

「農業に従事する個人」とは、いわゆる農業労働者であり、農業を経営する者を除く農業従事者ですが、社会通念上相当と認められる期間継続的に農業に従事することが必要であり、余暇として数日間農作業に従事するような者は含まれません。

農業とは、耕作、養畜または養蚕の業務とこれらに付随する業務を含んだ概念として用いられており、「耕作の業務」とは、反復・継続的に植物を肥培管理する作業であり、果樹、種苗、花卉等の栽培は耕作と解して差し支えありませんが、用材採取のための山林経営、樹脂の採取のようなものは耕作ということはできないとされています。

「付随する業務」とは、耕作に関していえば、脱穀・乾燥調整等の業務、養畜、養蚕の業務にあっては加工処理等のような業務をいい、これら付随業務のみを独立して行う場合には農業を営むことにはなりません。

なお、いかなる業務が農業かは解釈上極めて困難であって、実態を踏まえつつ、立法の趣旨やその時代時代の社会通念に従って判断されるべきであり、画一的かつ一律的に定義することは妥当性を欠くことになるでしょう。

それぞれの農業協同組合の定款で、営む農業の作目、規模などによって資格を限定することは許されます。また、法律上はその農業協同組合の地区による資格の限定はありませんが、定款で、農業の行われる場所または住所が地区内にあることを要件としているのが一般的です。

ところで、農業協同組合の准組合員たる資格は、順次拡大の途をたどってきています。平成13年の法改正では、それ以前から准組合員資格を付与されてきた法人や団体、それにその農業協同組合の地区内に住所を有する個人以外に、その「農業協同組合からその事業に係る物資の供給もしくは役務の提供を継続して受けている者」に対しても准組合員資格を付与することとされました。これは近年におけるいわゆる産直等の拡大や市民農園等に参加する

都市住民等の増加等の事情を踏まえた都市住民のニーズや、農業・農村の役割の変化を踏まえた都市と農村の交流等の促進といった観点から、准組合員資格を付与することが適当であると考えられたためです。

　次に、農業協同組合連合会の会員たる資格ですが、これも農業協同組合の組合員と同様に、正会員と准会員に分けられます。連合会は農業協同組合（その連合会も含む）の２次的組織ですので、正会員が組合であるのは当然として、准会員資格は農業協同組合の場合と比べいくつかの特徴があります。

　ひとつは「他の法律により設立された協同組織体で組合の行う事業と同種の事業を行うもの」（法12条２項２号）です。これら協同組織体は、設立の根拠法が異なり、構成員の資格も異なりますが、協同組織体であるということにおいて組合と目的と趣旨を同じくするものであり、農業協同組合連合会の事業をその会員として利用することを認め、連携を密にし相互に発展を図るという趣旨によるものです。ここに「他の法律により設立された協同組織体」というのは、農協法以外の法律の規定に基づいて設立された団体で、その団体の構成員が、その団体の意思決定など管理運営に参加するとともに、その団体が行う事業によって直接に便益を受けるように制度化されているものをいい、具体的には、各種協同組合法による協同組合（その連合会を含む）はもちろん、強制加入制度を採る農業共済組合とその連合会、土地改良区・土地改良区連合なども含まれます。

　また、「組合が主たる構成員または出資者となっている法人」からは、正会員資格のある組合がその性格に照らし除外されています。また、農業協同組合連合会の正会員たる資格を有しない組合が、その連合会に准会員として加入することも制度の趣旨に照らしできないと解されます。なお、貯金または定期積金の受入れの事業を行う農業協同組合連合会および共済事業を行う農業協同組合連合会につき、それらの子会社たる証券会社等や保険会社等が会員資格から除外されているのは、連合会が行う事業の経営の健全性維持と利益相反の防止等の観点からです。

　なお、組合に加入しようとする者が正組合員または正会員であるかどうか
は、農協法に規定する範囲内でそれぞれの組合の定款で定めるところによっ
て客観的に定まり、加入者においていずれかの資格を選択するという権利は
ありません。

3 どうしたら組合員になれるのか

✳ 組合員になるためには、組合員になろうとする組合に加入することが必要です。加入というのは、組合員になろうとする者の加入の申込みの意思表示と、これに対する組合の承諾の意思表示によって成立する一種の契約ですが、農協法は、組合員の加入に関する規定は、組合員たる資格と組合からの脱退に関する規定とあわせ、定款に必ず記載しなければならないとするだけで、加入する場合の手続に関しては全面的に定款の定めるところに委ねています。

出資組合を例にとると、加入の意思と資格を確認するために、加入しようとする者に加入に際して引き受けようとする出資口数を記載した加入申込書を一定の必要書類とともに組合に提出させ、申込みを受けた組合では加入の審査を行い、加入を承諾する場合には申込者に加入の承諾の通知をするとともに、出資の払い込みをさせ、組合員名簿に必要な記載をします。そして、加入者はその出資の払い込みをすることで組合員となるようにしているのが一般です。

✳ 農協法は、一般に認められた協同組合原則の一つである加入の自由の原則に関する定めをおいています。すなわち「組合員たる資格を有する者が組合に加入しようとするときは、組合は、正当な理由がないのに、その加入を拒み、又はその加入につき現在の組合員が加入の際に付されたよりも困難な条件を付してはならない」（法19条）とし、加入の自由を保障しています。

　組合への加入とは、広い意味では組合員でない者が組合員の地位を取得する、いいかえれば組合員になることです。組合の設立手続において発起人に設立の同意を申し出て受理された組合員の資格を有する者が組合の設立によって当然に組合員になる「設立による加入」を含みますが、一般的には、組合の設立後に組合員でない者が組合員になること、すなわち「設立後の加入」のことをいいます。

　なお、農協法14条2項に規定する「持分の譲り受け」によって組合員になる場合を「特別加入」といい、それ以外の加入申込による加入を「通常加入」といって加入に二つの種類があるような説明がなされることがありますが、同項の規定が、組合員でない者が持分を譲り受けようとするときは、加入の例によらなければならないと規定していることからもわかるように、これを分ける意味はありません。両者の違いは、加入者が組合に対して出資を払い込む必要があるかどうかの違いに過ぎません。

　農協法には死亡により脱退した組合員の持分の相続承継により組合員となる規定はありませんが、持分の譲り受けによる加入が認められている以上、定款の定めによって、持分の相続による承継加入を認めることは可能であり、各出資農協の定款ではこれに関する規定が置かれているのが通例です。

　後述する脱退の自由とあわせ、加入の自由は、一般に承認された協同組合原則の一つで、農協法はこれについて必要な定めを置いています。

　加入の自由とは、加入を強制されず、かつ、拒否されないということを意味しますが、農協法は、前者については、近代私法の前提である法律行為自由の原則により当然のことですので、とくに規定をしていません。しかし、後者については、組合に正当な理由がなければ承諾を強制する定めをし（法19条）、組合の法律行為の自由を制限することによって、組合員となる資格を有し組合員となろうとする者の加入の自由を保障するようにしています。

すなわち、農協法は、当該組合の定款に定める組合員たる資格を有する者が組合に加入しようとするときは、組合は、正当な理由がないのに、その加入を拒み、またはその加入につき現在の組合員が加入に際して付されたよりも困難な条件を付してはならないと定め（同条）、これに違反した役員に対しては、過料に処することとしています（法101条1項26号）。

　ここで、加入を拒絶しうる正当な理由とは、その組合員になろうとする者が、農協法21条2項〔除名事由〕に基づいて当該組合の定款に定められた除名事由に該当する行為を現にしているか、もしくはすることが客観的にみて明らかであること、また、組合員を除名された者でその除名事由がいまだ解消していないことを挙げることができます。また、正当な理由のない困難な条件として考えられるのは、①不当に多額の加入手数料を組合に支払うこと、②法律または定款に定める出資義務を超える口数の出資を引き受けること、を条件とすることなどです。

4 組合員でなくなるのはどういう場合か

　組合員が組合員でなくなる、すなわち組合からの脱退には、組合員がその意思に基づき脱退する場合と、組合員に一定の事実が発生したことによって法律上当然に組合員たる地位を失い脱退する場合の二つがあります。前者を任意脱退といい、後者を法定脱退または当然脱退と呼んでいます

1　任意脱退

　組合員は、その意思に基づいて自由に脱退することができますが、これについては、二つの場合があります。

　一つは、組合員の意思表示の予告による場合です。非出資組合の組合員にあっては、60日前までに予告をし、事業年度末において脱退することができることになっていますが、この60日の予告期間は、定款の定めにより１年以内で伸張できることになっています（法20条２項・３項）。

　これに対し、出資組合の組合員が任意に脱退しようとする場合には、その持分全部を譲渡することによってのみ脱退が認められています。これは、平成13年の改正（法律94号）によるもので、自己資本の充実・維持を目的とし、組合員の任意の脱退により組合の出資額に変更をきたすことのないようにしたものであるといわれています。

　しかし、持分の譲受人がないときには脱退することができず、実質的に脱退を制限することになりますので、譲受人がないときには、脱退しようとする組合員は、組合に対し、定款の定めるところによってその持分を譲り受けるべきことを請求することができるとして、脱退の自由を保障しています（法20条１項後段）。

2 法定（当然）脱退

法定脱退とは、農協法21条1項に定める次の事実が生じたことにより、それが生じた時に法律上当然に脱退の効果が生じるものをいいます（法21条1項）。

① 組合員たる資格の喪失

② 死亡または解散

③ 除　名

以上の法定脱退の原因となる事実のうち、①と②は理論的な必然性を有しているといえますが、③の除名は、一般的には当該組合員の意思に反して行われる制裁たる性質を有し、組合の意思のみによって脱退の効果を生じさせる「脱退の強制」であることから、協同組合の脱退自由の原則からみて、これを組合が任意に行えることとするのは適当ではありません。そこで、農協法は、除名することのできる組合員の要件と除名の手続の要件を定めています（同条2項）。

すなわち、除名は、(1)長期間にわたって組合の事業をまったく利用しない組合員、(2)出資の払込み、賦課された経費その他組合に対する義務を怠った組合員、または(3)その他定款で定める行為をした組合員のうちいずれか一つ以上に該当する組合員に限って認められるもので、除名するには、総会または総代会の特別決議が必要になります（法46条3号、48条7項）。総会または総代会で除名の決議をするには、対象となる組合員に対し、その決議をしようとする総会または総代会の会日の10日前までにその旨を通知するとともに、その総会または総代会において表決前に弁明する機会を与えなければならないことになっており（法21条2項）、除名の決議は、その旨を除名した組合員に通知しなければ除名された者に対抗することができないこととになっています（同条3項）。

3　脱退の法律効果

　組合員は脱退にともなって組合員たる地位を失い、以後組合員たる地位において生ずべき組合との関係の債権債務が成立することはなくなりますが、出資組合の組合員が脱退した場合には、脱退にともなって組合との間での財産関係の清算が必要になります。すなわち、出資組合の組合員が脱退したときは、その組合の定款の定めるところに従い、脱退した者は、その組合に対して持分払戻金支払請求権を取得し、または未払込出資額を限度とする損失分担金払込債務を負うことになります。それらの債権または債務の金額は、脱退した日を含む事業年度の終りにおけるその組合の財産に応じて、その組合の定款に定めるところに従って確定することになります（法22条・23条）。以上は、法定脱退による場合で、持分全部の譲渡によって任意脱退をした組合員との間には、このような債権・債務は成立しません。

解　説

　加入・脱退の自由の原則は、一般に認められた協同組合の重要な原則の一つで、農協法は、これを保障する規定を設けています。脱退については、加入の場合と異なり、原則として組合の承認を必要としません。しかし、事業年度の途中において組合員が突然に脱退することは、組合の事業遂行に支障をきたし、また払い戻すべき持分の計算などの事務が煩雑になるために、持分は脱退した事業年度末の財産によって計算することとするなど必要な定めをおいています。

　平成13年の改正前においては、任意脱退については、出資組合についても非出資組合と同様、60日前までに予告をし、事業年度末において脱退することができることになっていました。なお、この60日の予告期間は、組合の定款で定めれば１年以内で伸張できることになっています（法20条２項・３項）。

1年以内に制限したのは、組合員の脱退自由の権利を不当に制限しないためです。出資組合は、平成13年の改正によって、この予告による脱退の方法に代えて持分の全部を譲渡することによっていつでも脱退できることに改められています。この場合、その持分を譲り受ける者がいる場合には不都合がありませんが、いない場合には譲り受けようとする者が出現するまで脱退ができないことになります。それでは脱退の自由を実質的に制限することになりますので、このような場合には組合に対し、その定款の定めるところに従って、組合が持分を譲り受けるべきことを請求することができるとされています（法20条1項）。脱退の自由を保障するために、組合は、原則として譲り受けを拒むことができず、したがって組合の定款には譲り受ける場合の手続等に関する定めを置かなければならないことになります。これにより組合が持分の譲り受けをする場合には、持分の譲渡につき組合の承諾を要する旨の規定（法14条1項）と組合員でない者が持分を譲り受けるときは加入の例によるべき旨の規定（同2項）の適用がないこととされています（法20条4項）。

　しかし、脱退する組合員の持分の譲受けは、その実質において脱退にともなう持分の払戻しにほかなりませんので、法定脱退した組合員が出資組合に対する債務を完済するまでは、出資組合はその持分の払戻しを停止することができることになっている（法25条）こととの関係で、その組合員が組合に対する債務を負っていてその弁済がすんでいないときには持分の譲受けを拒むことは可能でしょう。

　また、組合員が脱退する場合にその持分の譲受けを可能とするよう、組合による組合員の持分の取得を禁止する規定の適用を除外する規定が置かれています（法54条2項）。ただし、この場合には、組合は取得した持分を他の組合員に譲渡等するなどして速やかに処分しなければならないこととされています（同3項）。

　次に法定脱退事由のうち、「解散」は自然人の死亡に相当する組合員である団体の解散をいいますが、その他法定脱退に関連していくつか考える必要

がある問題がありますので、簡単に説明しておきましょう。

　まず、組合員たる資格の喪失に関してですが、これは組合員が、その組合の定款に定める組合員たる資格のいずれにも該当しなくなった場合をいい、組合員資格に変動があってもそのいずれかに該当する場合は、ここにいう組合員たる資格の喪失にあたりません。したがって、正組合員の資格を喪失しても准組合員たる資格がある場合には、准組合員にとどまり、直ちに脱退することにはならないと考えられています。

　また、農業経営基盤強化促進法（昭和55年法律65号）28条の規定により、同法の農用地利用集積計画の定めるところによって利用権を設定したことによって正組合員たる地位を失うことになった個人（農民）であっても、その地位の継続を認める定款の定めのある組合の組合員は、引続き正組合員たる地位を失わないこととされていますので、その場合には脱退しないことになります。

　次に、除名事由の一つの「その他定款で定める行為」として定款で定めることができる行為は、法定の行為に準ずる行為で、団体的秩序を乱すおそれのある、たとえば、組合の事業の不正な利用、組合の事業を積極的に妨害する行為、組合の信用を失墜させる行為をした組合員など、協同組合法の趣旨を逸脱するような行為に限定されるべきでしょう。

持分については、後述（Ⅶ－6）しますが、通説によると持分には、①組合員たる資格において組合に対して有する権利義務の総称、または、これらの権利義務発生の基礎たる組合員の組合に対する法律上の地位と、②組合が解散した場合または組合員が脱退した場合に組合員がその資格において組合に対して請求しうるという意味での組合の純財産に対する"分け前"を示す、観念上または計算上の数額の二つの意義があるとしています。しかし、持分を、組合員の組合に対する法律上の地位、すなわち「組合員たる地位」と解する必要性はありません。というのは、組合員たる地位は、加入によってのみその効果として取得されるものだからです。したがって、「持分」は、組合員の権利義務のうち、剰余金配当請求権、持分払戻請求権、損失分担義務および残余財産分配請求権といった出資を基礎とする財産的権利義務として理解すれば足りるでしょう。

5 組合員の権利とは

　組合員の権利は、その性質に従って、学問上は、共益権と自益権の二つの種類に分けて説明されるのが一般的です。

1　共益権

　共益権は、組合の管理・運営に参画することを目的とした権利の総称です。

　これらの共益権のうち、以下の①から⑤までに掲げる権利は、組合の管理・運営に組合員が直接参画する機能を有するので、組合に対する非農民的支配を排除するために正組合員にだけ与えられているものですが、⑥以下に掲げる諸権利は、間接的に組合の管理・運営に関与する権利で、その権利の行使が組合に対する非農民的支配の排除の原理に抵触する結果を生じさせることはありえないので、准組合員にも与えられているものです。

①　議決権

②　選挙権

③　総会招集請求権

④　役員改選（解任）請求権

⑤　参事または会計主任の解任請求権

⑥　各種書類等の閲覧請求権

　(イ)　組合員名簿

　(ロ)　定款、規約、信用事業規程、共済規程、信託規程、宅地等供給事業実施規程および農業経営規程

　(ハ)　理事会および経営管理委員会の議事録

　(ニ)　総会の議事録

　(ホ)　委任状および議決権行使書面等

　(ヘ)　決算関係書類

 (ト) 組合が合併または分割をする際の事前開示書類および事後開示書類

 (チ) 組合が組織変更する際の事後開示書類

 (リ) 共済契約の契約条件変更に係る書類

⑦ 代表訴訟を提起する権利

⑧ 理事の違法行為差止請求権

⑨ 決議取消の訴えを提起する権利

⑩ 総会決議の無効・不存在確認の訴えを提起する権利

⑪ 設立無効の訴えを提起する権利

⑫ 出資1口金額減少の無効の訴えを提起する権利

⑬ 合併・新設分割の差止請求権

⑭ 合併・新設分割無効の訴えを提起する権利

⑮ 組織変更無効の訴えを提起する権利

⑯ 行政庁に対する仮理事選任等請求権

⑰ 行政庁に対する組合検査請求権

⑱ 行政庁に対する総会決議等取消請求権

2　自益権

　自益権は、組合員が直接、組合から経済的利益を受けることを内容とする権利です。

① 組合事業利用権

② 剰余金配当請求権

③ 持分払戻請求権

④ 残余財産分配請求権

　共益権は、組合の管理・運営に参画することを目的とした権利の総称で、その権利の行使の効果が権利行使した組合員だけでなく組合全体に、または他の組合員にも間接的に及ぶという点で、自益権の場合とは異なっています。したがって、共益権は、協同組合自体ひいては組合員の共同の利益の確保のために与えられた権利であるということができますが、権利の濫用にあたらないかぎり、自らの利益のために行使することが許されないわけではありません。

　この共益権は、農協法の規定に基づき組合の定款に規定することではじめて与えられるもの（農業協同組合連合会の正会員に付加して与えられる議決権など）を除き、法律によって与えられる権利ですので、各組合の定款の規定等によって奪ったり行使を困難にすることはできません。

　前述の共益権として列挙した権利のほかに、多くの解説書は、役員に選出される権利（役員の被選挙権・被選任権）と総代に選出される権利（総代の被選挙権）を挙げていますが、これは権利というよりも役員等に選出される「資格」であって、他の共益権とは性質を異にしていますので、ここでは共益権には含めていません。

　各種書類等の閲覧請求権、および役員の事務を行う者がないため遅滞により損害を生ずるおそれがある場合における行政庁に対する仮理事選任等請求権または役員の選挙もしくは選任のための総会招集請求権（法40条１項）は、組合員のほか債権者等の利害関係人にも広く与えている権利です。また、出資１口金額減少無効の訴えは、出資１口金額の減少を認めない債権者に、合併または新設分割無効の訴えは、合併または新設分割を承認しない債権者にも、また組織変更無効の訴えは、組織変更を承認しない債権者にも認められています。

　共益権には、議決権や選挙権などのように組合員が単独で行使することが

できる権利（単独組合員権）と、役員改選（解任）請求権などのように一定数以上の組合員が共同してのみ行使できる権利（少数組合員権）とがあります。ここに、少数組合員権というのは、権利の濫用の防止の観点に加え、多数派の組合員の横暴等から少数派の組合員の公正な利益を保護するための措置として与えられた権利をいいます。

　自益権は、組合員各自の個人的な利益の確保のために、法律または法律に基づき定められた組合の定款の規定により、すべての組合員に等しく与えられるものですが、共益権とは違い、組合員がこの権利自体を行使することはありません。

　なお、組合員が組合の事業を利用する権利については、法律上明文はありませんが、協同組合の本質上当然の権利で、別の言い方をすれば、組合員が組合の行う事業の利用を申し込んだ場合、組合にそれを拒絶する正当な理由がないかぎり利用を拒絶されない権利ということになりましょう。

組合員の議決権と選挙権とは

1 議決権

議決権は、総会において決議の方法によって行われる組合の意思決定に参加することができる権利で、正組合員にはそれぞれ1個与えられています（法16条1項）。

農業協同組合連合会については例外があり、その正会員には、法令の規定に従い、定款の定めるところにより、その正会員を構成する農業協同組合の正組合員の数を基準に2個以上の議決権を付与できます（同条2項）。ただし、その場合も各正会員に付加して与えられる議決権の総数は平等に与えられる議決権総数を超えてはならないとされています（施行令19条）。

この議決権は、定款に定めるところにしたがって、一定の制限のもとに書面（定款の定めにより電磁的方法によることも可）または代理人をもって行使することができます（法16条3項～7項）。

2 選挙権

選挙権は、総会または総会外において選挙する方法で行われる役員または総代の選出に参加できる権利で、正組合員だけに与えられるものである点と、各組合員および各会員に与えられる選挙権の数は、議決権に同じです。また、選挙権は無記名投票の方式で行使することになります（法30条5項、48条6項）が、総会での選挙権の行使については、書面または代理人によって選挙権の行使が認められていることは、議決権と同様です。ただし、総会外で行われる選挙については、書面または代理人によって行使することはできません。また、議決権と異なり電磁的方法による選挙権の行使は認められていません（法16条4項）。

なお、総代会を設置していない組合の正組合員は、総代会そのものが存在

しませんので、総代の選挙権もないということになります。

　組合員の議決権と選挙権は、組合員が組合の構成員としてその管理運営に
直接参画することのできる権利の中心をなす権利で、正組合員だけに与えら
れているものです。この権利は、正組合員たる地位に固有の権利で、定款を
もってしてもその権利を奪ったり制限したりすることはできませんが、法律
の規定によって議決権の行使が制限される場合があります。すなわち、農協
法45条3項は、総会の議長の職務を行っている正組合員は、正組合員たる地
位において議決に加わる権利を有しないことを定めています。これは、採決
の結果、可否同数となった場合に議長の決するところによると、議長にいわ
ゆるキャスティング・ボードと呼ばれる権利を付与したこととの関係で議決
権の二重行使とならないようにしたこと、それに中立の立場で総会の議事運
営を行うべき立場の議長が議決権の行使を行うことによる総会出席者への影
響を防止しようとしたことによるものです。

　農業協同組合連合会の正会員もそれぞれ1票の議決権が与えられています
が、法令の規定に従い、定款の定めるところにより、それに付加して議決権
を与えることができるようになっています（法16条2項）。この農業協同組
合連合会の正会員に付加して与える議決権の数は、平等に与える議決権の総
数を超えてはならず（施行令19条）、また、各正会員に付加して与える議決
権の数は、その正会員が農業協同組合であるときはその正会員の正組合員の
数に基づいて、その正会員が農業協同組合連合会であるときはその正会員を
直接または間接に構成する農業協同組合の正組合員数とその農業協同組合の
その正会員構成上の関連度に基づいて定めなければならないことになってい
ます（法16条2項）。これは、諸外国においても広く認められている議決権
の付与方法ですが、できる限り基礎組織の個人組合員の意思が、間接的であ

れ、平等に連合会段階の意思決定に反映されるのが望ましいとの考えによります。

　議決権は、総会において質問したり、意見を述べるなど、決議案に加わる審議権、決議案に対する賛否の意思を表明して表決に加わる表決権、およびそれらの行使の前提としての総会の招集通知を受ける権利からなるものと解されます。このうち、審議権と表決権は、正組合員が総会に出席して行使するのが原則ですが、なるべく多くの正組合員の意思を反映させるため、定款に定めがあれば、表決権は、招集通知によって会議の目的たる事項として通知のあった事項に限り代理人によって行使することができ、また、同様の要件のもとに書面によっても行使することができることになっています（定款の定めるところにより電磁的方法によることも可）（法16条３項前段、４項）。この場合において、代理人となることができるのは、代理される正組合員と同一の世帯に属する者または他の正組合員に限られ（同条３項後段）、１代理人が代理できる正組合員の数は４人以内に制限されています（同条５項）。代理人は、被代理人との間の内部関係は別として、被代理人の議決権を自己の判断で有効に行使できるので、組合に対する非農民的支配を排除するとともに、少数の者の判断によって組合の意思決定が支配されることにならないようにするために制限したものと考えられます。代理人は、代理権を証する書面（委任状）を組合に提出しなければなりませんが（同条６項）、書面による議決権の行使の方法については、農協法に定めるほか、組合の定款の定めるところによります。代理人または書面（または電磁的方法）によって議決権を行使する正組合員は、その総会の出席者とみなされます（同５項）。

　ところで、役員の選出は、選挙の方法によって行うのが原則ですが、選挙ではなく総会の議決による選任の方法を採ることもできます（法30条10項）。役員の選出を選挙または選任いずれの方法で行うかは、各組合の自由ですが、そのいずれかの方法を択一的に定款で定めなければならないと解されています。したがって、選任制による方法を採用した組合の組合員には役員の選挙権はないということになります。

7 組合員の義務とは

⊛ 組合員の義務は、組合の財務に関係する各種の義務（①～③）と、組合員に対する制裁に関係する義務（④）とに分けることができます。前者は出資組合の組合員と非出資組合の組合員とで内容が異なりますが、いずれの義務も正組合員と准組合員とで差異はありません。

① 出資を引き受ける義務

　　出資組合の組合員は、出資１口以上を有しなければならず（法13条２項）、その払込みについては相殺をもって組合に対抗することができません（同５項）。非出資組合の組合員はこの義務を負いません。

② 損失を分担する義務

　　持分を計算するにあたり、出資組合の財産をもってその債務を完済するに足りないときは、その組合は、定款の定めるところにより、脱退（当然脱退）した組合員に対して、その負担に帰すべき損失額の払込みを請求することができるとされています（法23条）。これは、定款の定めるところに従って出資口数を減少させた場合においても同様です（法26条２項）。

③ 経費を分担する義務

　　組合は、定款の定めるところにより、組合員に経費を賦課することができます（法17条１項）。したがって、組合員は、組合の定款に経費を賦課する旨の定めがあり、かつ、経費の賦課および徴収の方法が総会の決議をもって決定され、その決議に従って経費を賦課されたときは、その賦課された金額をその徴収方法に従って支払わなければなりません（法17条１項、28条１項７号、44条１項４号）。組合員は、その支払いについて相殺をもって組合に対抗することができません（法17条２項）。

④　制裁行為をしない義務

　　組合は、定款で定めるところにより、組合員に対して過怠金を課すことができることとされ（法18条）、また、組合に対する義務を怠った場合、その他定款で定める行為をした組合員は、除名処分の対象となります（法21条2項）。したがって、組合員は、間接的に、組合からこの過怠金または除名の制裁を課される行為をしてはならないという義務を負うことになります。なお、この義務は、内部秩序維持の義務などとも呼ばれます。

解　説

　わが国の法律上、出資は、協同組合の必須の要素ではありませんが、経済的活動を行う上で重要な意義をもっています。農協法は、組合は、定款で定めるところにより、組合員または会員に出資をさせることができるとし（法13条1項）、定款でかかる定めをした組合の組合員は、組合員として出資1口以上を有しなければならないことになります（同条2項）。この法律上の義務に基づき、出資組合に加入しようとする者は、その組合の定款で定めるところに従って引き受けた出資の額を定款で定める払込方法に従い払い込まなければならない債務を負うことになります。組合員は、その払込みについて相殺をもって組合に対抗することはできません（法13条5項）。

　組合員がこの義務を怠り、出資の引受けをせず、または引き受けた出資の払込みを怠ったときは、その組合員は除名の制裁の対象となり（法21条2項2号）、定款の定めるところに従い過怠金の制裁の対象ともなります。もっとも、実際は、定款で、引き受けた出資の払い込みが完了するまでは組合員にはなれないことにしているのが通例ですので、出資の引受けが行われないことに対し過怠金を課すといったことは起こりません。

　損失を分担する義務は、出資組合の組合員の責任を賦課された経費の負担のほか、その出資額を限度とするとの規定（法13条4項）と整合するように

理解されなければなりません。したがって、厳密にいうと、出資組合の組合員の損失を分担する義務とは、出資組合の組合員が当然脱退し、または、定款の定めるところに従って出資口数を減少させた場合において、その持分を計算するにあたり、組合に損失があってその財産でもって組合の債務を完済するに足りないときは、その脱退し、または出資口数を減少させた組合員は、定款の定めるところにより、引き受けた出資の未払込額を限度として、その不足額、すなわち損失額のうち分担すべき金額を組合に払い込まなければならない（法23条、13条4項、26条2項）義務（債務）ということになります。この損失分担金支払債務（組合の債権）の消滅時効は、持分払戻金支払請求権と同様に、脱退または出資1口金額の減少の効力が生じた日を含む事業年度の終りを経過した時から進行し、2年で完成することになります（法24条）。

　経費を分担する義務ですが、これは非出資の組合員だけではなく出資組合の組合員も負担する義務ですが、非出資組合にあっては唯一とはいえないものの組合が活動するための重要な財源となります。農協法は、「組合は、定款の定めるところにより、組合員に経費を賦課することができる」と定めて（法17条1項）、組合に経費賦課権を付与していますが、これによる経費の賦課が適法・有効であるためには、その組合の定款に組合員に対して経費を賦課する旨の定めがあり（法17条1項、28条1項7号）、かつ、総会の決議をもって定められた賦課徴収の方法に従って（法44条1項4号）賦課行為がなされなければなりません。そして、組合によって、適法に賦課行為がなされたときは、その賦課通知が組合員に到達した時に（民法97条。なお、農協法43条の7第2項により、宛先の記載に誤りのない限り、通常到達すべき時に到達したものとみなされる）、組合員の組合に対する経費賦課金支払債務が成立し、組合員は、その支払いについて相殺をもって組合に対抗することができなくなります（法17条2項）。所定の支払期限までに賦課された経費を支払わない組合員については、組合からの除名（法21条）または過怠金（法18条）の制裁の対象となります。

IV

組合の自治法規

1 定款とは

✽ 組合の定款とは、組合に関しての決まりごと、すなわちその組織、事業および管理運営などに関する事項を記載した組合の根本的規則です。

　この定款は、組合の設立の際に一定の手続を経て作成され、組合が存続する限りは廃止することができないものであり、法形式上、自治法規のなかで最も優越する効力を有し、また組合の内部の全般を拘束することになります。このため、定款は組合の根本的自治法規であるといわれます。

✽ いったん設定された定款も法律と同じように改正することが可能です。ただし、定款を変更するには、総会の特別決議が必要であり、一定の例外を除き、行政庁の認可を受けなければ、その効力が生じないこととされています（法44条、46条）。

✽ 組合の定款に記載しなければならない事項に関しては、農協法の複雑な規定があります。一つは、どの組合の定款にも必ず記載しなければならない絶対的必要記載事項というものがあります。この記載がないと定款自体が無効となります。このほか、記載がないとしても定款が無効ということにはならないものの、その事項を定款で定めておかないとその効力が生じない相対的必要記載事項というものがあります。これら以外にも法律の強行規定や公序良俗に反しない事項を定款に記載することができ、これを任意記載事項と呼んでいます。

解　説

　定款には二つの意義があります。一つは、法規範としての規則それ自体（これを実質的意義における定款といいます）であり、もう一つは、その規則を記載した書面または電磁的記録（これを形式的意義における定款といいます）

です。実質的意義における定款、すなわち定款の規定内容は、書面に記載するか電子データとして記録することを要し（法28条1項参照）、原則としてその記載（または記録）、すなわち形式的意義における定款によって認識されることになります。農協法28条にいう定款は、後者（形式的意義における定款）の意味であり、農協法44条1項1号および46条1号に規定する定款の変更における「定款」とは、前者（実質的意義における定款）の意味で用いられています。

　組合の設立の際の定款の作成とは、根本規則を定め、それを書面または電磁的記録とすることですが、設立当初に作成された定款を、後の変更された定款に対して「原始定款」ということがあります。

　ところで、組合の自治法規とは、それが定められた組合の内部を拘束する法規範のことをいいますが、農協法に定めのある組合の自治法規には、「定款」、「規約」のほか「信用事業規程」、「共済規程」、「信託規程」、「宅地等供給事業実施規程」および「農業経営規程」があります。このほか、他の法令により一定の場合に設定することが必要とされるものもあり（たとえば特定農地に係る貸付規程等）、また、各組合の総会、理事会などが必要と認めて定める各種の規程等があります。

　これら自治法規のうち定款、規約、信用事業規程、共済規程、信託規程、宅地等供給事業実施規程および農業経営規程については、組合の各事務所に備え置かれ（法29条の2第1項）、組合員および組合の債権者の閲覧等の用に供されます。組合員および組合の債権者は、組合の業務時間内は、いつでも理事に対し閲覧等の請求をすることができ、この場合において、理事は正当な理由がなくこれを拒んではならないこととされています（同条2項）。この備置義務に違反し、または正当な理由がなくこれら書類の閲覧等を拒んだ場合には、理事は過料に処せられます（法101条1項14・15号）。

　なお、組合の自治法規は、いったん制定されれば、それ以降は当該組合の内部を拘束する効力を有することとなります。「組合の内部」とは、総会、

経営管理委員会・経営管理委員、理事会・代表理事、監事など法律または定款に定めるその組合の機関、およびその組合との関係（社員関係）における組合員ですが、すべての自治法規がこの「組合の内部」の全部を拘束することになるわけではないのはいうまでもありません。具体的には、その自治法規の設定・変更の意思決定をした機関が組合の各機関のなかに占める位置関係などにより異なることになります。たとえば、総会がその権限の範囲内で定めたものは、原則として総会を含む「組合の内部」のすべてを拘束し（法35条の2第1項参照）、他の機関等の権能を限定する効力を有することになります。また、法律または定款によりその設定または変更の権能が経営管理委員会、理事会または監事に専属するものであって、これらの機関の権能として定めたものについては、その内容に応じて、総会を含む「組合の内部」のすべてを拘束し、その権能を限定する効力を有することになります。

　ところで、定款の定めでも、たとえば法令で定款の定めるところによるべき旨が定められている場合において、定款にその定めがなされると、「組合の内部」以外の者もそれに従わなければならないことになるものがあります。それは自治法規による拘束ではなく、法令の効力による拘束です。

強行規定と任意規定

　法令中の規定で当事者の意思を考慮することなく無条件に適用されるものを「強行規定」といいます。これに対し、当事者が当該法令の規定の内容と異なる意思表示をしない場合にのみ適用される規定を「任意規定」といいます。強行規定は、公の秩序に関係する規定であって当事者の意思によって左右することができないものです。個々の規定のうち何が強行規定で何がそうでないかは、規定上明文をもって明らかなものもありますが、規定の文言上から明らかでない場合には、その規定またはその法令の性質に照らして、それがいわゆる定款自治を許すものであるか、または公の秩序に関係するものであるかどうかを判断して決すべきことになります。

※　公序良俗

　「公序良俗」とは「公の秩序又は善良の風俗」の略であり、公序良俗に反する法律行為は無効となります（民法90条）。公の秩序とは、どちらかというと国家的あるいは社会的な秩序をいい、善良の風俗は、道徳のことをいいますが、法令上はあわせて用いられており両者を区別する意味はありません。

2 定款の絶対的必要記載事項とは

✳ 定款の絶対的必要記載事項とは、農協法28条1項各号に列挙する次の事項です。これらのうち、次の⑥、⑧および⑨の事項は、組合員に出資をさせない組合（非出資組合）の定款には記載する必要がありません（同項ただし書）。これらは、農協法13条1項の規定に従い、定款において組合員に出資をさせることを定めた組合（出資組合）だけが定めなければならない事項ですので、その意味では、実質的には相対的必要記載事項であるともいえなくはありません。

① 事業

② 名称

③ 地区

④ 事務所の所在地

⑤ 組合員たる資格ならびに組合員の加入および脱退に関する規定

⑥ 出資1口の金額およびその払込みの方法ならびに1組合員の有することのできる出資口数の最高限度

⑦ 経費の分担に関する規定

⑧ 剰余金の処分および損失の処理に関する規定

⑨ 準備金の額およびその積立の方法

⑩ 役員の定数、職務の分担および選挙または選任に関する規定

⑪ 事業年度

⑫ 公告の方法

定款の絶対的必要記載事項というのは、どの組合の定款にも必ず記載しなければならない事項で、この記載がないと定款自体が無効となるものをいいます。

以下、各項目について注意すべき点をあげておきましょう。

① 事業

組合が目的を達成するために実際に行おうとする事業のことです。組合が行うことができる事業は、農協法その他の法律によって限定されており、その範囲内で定めることが必要です。また、目的とする事業が何であるかを具体的に知りうる程度に具体的に記載することが必要で、かつ、特定的に定めなければなりません。この事業の定めは、組合の能力、理事等の組合に対する責任（法35条の2第1項、35条の6）、組合員または監事による違法行為差止め（法35条の4第1項→会社法360条、35条の5第5項→会社法385条）、解散命令（法95条の2第1号）などに関連して問題となります。

② 名称

組合は、その名称中に農業協同組合または農業協同組合連合会という文字を用いなければならないこととする一方、それ以外の者はその名称中にこれらの文字を用いてはならないこととし、名称を保護しています（法3条）。

③ 地区

組合の地区を定める法律上の意味は、当該組合の組合員資格を定める一つの基準となり、組合の監督官庁を決定する基準（法98条）となる点にあり、事業活動を行うことができる地域を限定するものではありません。

④ 事務所の所在地

ここにいう「事務所」とは、主たる事務所および従たる事務所をいい、当該組合の事業に関する取引または事業を行うために必要な行為についての意思決定とその実行行為を継続的に行う一定の場所をいいます。「所在地」とは、

この主たる事務所および従たる事務所の所在地をいいますが、主たる事務所の所在地に組合の住所はあるものとされています（法6条）。

⑤　組合員たる資格ならびに組合員の加入および脱退に関する規定

　組合員たる資格は、農協法12条に定められていますが、その範囲内において、それぞれの組合の組合員とすべき者の要件を定めて記載しなければなりません。組合員の加入および脱退に関する規定は、加入申込者に提出を求めるべき書類や諾否の通知など加入手続に関する規定、脱退する場合の手続に関する規定などです。

⑥　出資1口の金額およびその払込みの方法ならびに1組合員の有することのできる出資口数の最高限度

　出資1口の金額は、均一でなければならず（法13条3項）、かつ、その組合の組合員たる資格を有する者が通常負担できる金額の範囲内で定めることが必要です。払込みの方法は、全額一時払込制とするか分割払込制とするか、および各場合における払い込みの方法です。また1組合員が有することのできる出資口数の最高限度は、1組合員の出資額がその組合の財務に及ぼす影響力を通じて、特定の組合員が事実上その組合を支配することになるのを防止するためですので、その趣旨を踏まえて定めます。

⑦　経費の分担に関する規定

　経費の賦課および徴収の方法は総会の決議事項とされています（法44条1項4号）ので、経費の分担に関する規定としては、経費を賦課するか、または賦課しないか、いずれか一方に定めて記載するとともに、賦課することを定めたときは、経費を賦課する事業の種類をもあわせて記載することになります。

⑧　剰余金の処分および損失の処理に関する規定

　剰余金の処分については、剰余金から積み立てるべき準備金および積立金の積立、剰余金処分による配当の方法ならびに翌年度への繰越処分等、剰余金の処分の方法について記載します。損失の処理に関する規定としては、損

失のてん補の順位等を定めて記載することになります。

⑨　準備金の額およびその積立の方法

　剰余金の処分により積み立てる準備金の額については、農協法51条１項により、出資総額の２分の１以上（貯金または定期積金の受入れの事業を行う組合にあっては、出資総額以上）で定款で定める額に達するまで積み立てるものとされているので、この積立の限度額を定めることになります。また、積立の方法については、同条１項に毎事業年度の剰余金の10分の１以上を積み立てなければならないと定められているので、これに適合するように定めて記載します。

⑩　役員の定数、職務の分担および選挙または選任に関する規定

　役員の定数は、法律に定める所定数以上において各組合の実情に照らし具体的に定めて記載しなければなりません。役員の職務の分担に関する規定としては、たとえば組合長など、いわゆる役付理事を設けることを含み、その場合の職務の分担の内容を記載することが必要になります。

　役員の選挙または選任に関する規定としては、役員の選出を選挙の方法によるか、総会の決議によって選任する方法によるかを定めるとともに、その具体的な方法を定めて記載しなければなりません。なお、選挙または選任に関する規定は、一般に定款附属の役員選挙規程または役員選任規程として一括して記載がなされていますが、これらは定款の一部です。なお、選挙の方法によるか選任の方法によるかは、いずれかの方法を選択して確定的に定めなければならず、任意にいずれの方法をも採りうるような定めを置くことはできないと解されています。

⑪　事業年度

　法律中には、事業年度の期間の長さなどその定め方についてとくに定めはありませんが、実際上、法人税の申告との関係もあり事業年度は１年としているのが通例です。その始期は毎年４月１日、終期は翌年の３月31日とする例が一般的ですが、そうでなければならないわけではありません。

⑫　公告の方法

　公告は、ある事項を広く一般に知らせるために行うものです。農協法は、公告の方法として、定款には、組合の事務所の掲示場に掲示する方法を必ず定めなければならないこととしています（法97条の４第１項）。これに加え、⑴官報に掲載する方法、⑵時事に関する事項を掲載する日刊新聞紙に掲載する方法、または⑶電子公告のいずれかの方法を定款で定めることができますが（同条２項）、信用事業または共済事業を行う組合にあっては、⑵の方法か⑶の方法のいずれかを必ず定めなければならないことになっています（同項ただし書）。

　ところで、以上の農協法28条１項に定める事項のほかに、役員（設立当初の役員および合併または新設分割による設立当初の役員を除く）の任期は「３年以内において定款で定める」（法31条）と、絶対的必要記載事項のような定めになっていますが、定款に定めを欠いたとしても定款自体が無効となる性質のものではなく、定款に定めを置かなかった場合における任期は法律で定める最長の３年と解すべきですので、その意味では、相対的必要記載事項であるといえるでしょう。

3 定款の相対的必要記載事項と任意記載事項

✳　定款の相対的必要記載事項とは、定める場合には定款に記載しなければならない、いいかえれば定款に記載しなければ効力を生じない事項のことをいい、記載がなくても定款自体が無効にはならないものをいいます。その主なものには次のような事項がありますが、絶対的必要記載事項と異なって、一か条にまとめて規定されているものではありません。

①　組合の行う事業を組合員以外の者に利用させる（員外利用）こと（法10条17項、21項）

②　員外利用分量制限の適用を受けない地方公共団体等に対する資金の貸付けを行うこと（同条20項）

③　組合員に出資をさせる（出資組合とする）こと（法13条1項）

④　農業協同組合連合会が1会員に2個以上の議決権または選挙権を与えること（法16条2項）

⑤　組合員の議決権または選挙権を書面または代理人によって行使することができることとすること（法16条3項）

⑥　組合員に過怠金を課すこと（法18条）

⑦　非出資組合の組合員が脱退しようとする際の「予告期間」を伸長すること（法20条3項）

⑧　除名事由となる組合員の行為（法21条2項3号）

⑨　出資組合の組合員が脱退したときに、組合に対して持分の譲受けを請求できることとすること（法20条1項）

⑩　脱退した組合員に対して損失分担額の払込請求ができることとすること（法23条）

⑪　組合員がその出資口数を減少することができることとすること（法26条）

⑫　組合の存立の期間（期限）（法28条3項）

⑬　組合員の現物出資に関する事項（同項）

⑭　農業協同組合の役員を総会外で選挙できるようにすること（法30条4項ただし書）

⑮　一定の組合を除き、役員として理事および監事のほかに経営管理委員を置くこと（法30条の2第1項）

⑯　役員の任期を本来の任期を超えて伸長すること（法31条1項ただし書）

⑰　理事会の招集通知の期間を短縮できることとすること（法33条6項→会社法368条1項）

⑱　理事会の決議要件を加重すること（法33条1項）

⑲　一定の共済規程の変更につき総会の決議を要しないこととすること（法44条5項）

⑳　あらかじめ通知した事項以外の事項を総会で決議できることとすること（法43条の6第4項ただし書）

㉑　総代会を置くこと、ならびに総代の選挙および任期（法48条1項、4項・5項）

㉒　組合員に対する剰余金の分配金をその組合員が引き受けた出資の払込みに充当すること（法53条）

　以上の農協法の規定によるもののほかに、農業協同組合が農業経営基盤強化促進法（昭和55年法律65号）28条1項の規定に基づき、定款で定めるところによって正組合員たる地位の継続を認めるような例があります。

　なお、代表理事の特定行為の復委任禁止（法35条の3第3項）は、総会の決議によっても有効にすることができ、また、総会の普通決議事項の決議を農協法45条1項に定める方法以外の方法によることとすることは、規約で定めても有効ですので、いずれも定款の必要記載事項ではありません。

㊟　定款には法律の強行規定や公序良俗に反しないかぎり、いかなる事項でも記載することができます。任意記載事項というのは、文字どおり定款

に記載するかどうかが任意であるもので、法律上、これについては何も規
定したものはありません。

　定款の相対的必要記載事項とは、その事項を定めるかどうかは各組合にお
いて自由ですが、定款に記載しなければ効力を生じない事項のことをいい、
記載がなくても定款自体が無効にはならないものをいいます。

　この相対的必要記載事項については、「定款の定めるところにより、……
することができる」、「定款で…することができる」といったような形で農協
法の各条項において定められているので解りますが、絶対的必要記載事項の
ように１か条にまとめて規定されてはいません。

　なお、これら相対的必要記載事項のすべてが、それを記載するかどうかは
各組合のまったくの自由に委ねられているといってよいかどうかという点に
関しては、少し説明が必要です。

　たとえば、農協法16条３項は、「組合員は、定款の定めるところにより、
第43条の６第１項又は第２項の規定によりあらかじめ通知のあつた事項につ
き、書面又は代理人をもって、議決権又は選挙権（以下「議決権等」とい
う。）を行うことができる」と規定しており、組合員が書面または代理人に
よって議決権等を行使することを認めないことも許されるようにも思われま
すが、議決権等を書面または代理人によって行使することは組合員の固有の
権利であって、いずれの方法による議決権等の行使をも認めないことは許さ
れないと解すべきでしょう。したがって、この場合には、組合員が書面また
は代理人によって議決権等の行使をすることは拒むことができず、定款では
そのいずれか一方または双方の方法によることを認めるか否かとその場合の
手続的な定めを置くことができるに過ぎないということになります。

　同様に、農協法20条１項は、「出資組合の組合員は、いつでも、その持分

の全部の譲渡によって脱退することができる。この場合において、その譲渡を受ける者がないときは、組合員は、出資組合に対し、定款の定めるところによりその持分を譲り受けるべきことを、請求することができる」と規定していますが、協同組合の加入脱退自由の原則に照らし、組合員の譲受請求を拒むことはできないと解されますので、定款では持分の譲受請求に関しての手続的な定めを置くことになります。

　ところで、代表理事の特定行為の復委任禁止は、定款のほか総会または経営管理委員会の決議によってもすることができ（法35条の3第3項）、また、総会の普通議決事項の可決要件に関する定めは、定款のほか規約の定めても有効ですので（法45条1項）、いずれも定款の必要記載事項ではないといえます。

　つぎに、任意記載事項とは、文字どおり、定款に記載することは任意な事項ですが、定款に記載されれば必要記載事項と同様の法的効果を生ずるものです。すなわち、各組合において他の定款記載事項と同様、その事項に反する内部的な定めや決議を無効とする機能を期待し、その事項を変更しようとするには、定款変更の手続を必要であるようにしたものといえます。

4 定款変更の手続

⊛　組合は、人的結合体としての自律的な社団法人であり、その最高機関たる総会の意思によって、その組織および運営に関する自治法規である定款を変更することができることは当然です。

　　定款を変更するには、総会の特別決議の方法による定款変更の決議が必要ですが（法44条１項１号、46条１号）、一定の例外を除き、決議だけでは定款変更の効力は生ぜず、行政庁の認可を受けなければ定款変更の効力は生じません（法44条２項）。

　　そして、この場合の行政庁の認可については、組合の設立の認可に関する規定（法59条２項・60条・61条）が準用されています（法44条３項）。

　　なお、定款変更の目的となっている事項が登記を必要とするものである場合には、登記を行わなければ、これをもって第三者に対抗することができません（法９条２項）。

⊛　特定の事項にかかる定款変更については、総会における特別決議と行政庁の認可という一般的手続に加えて、組合員または債権者を保護するための特別の手続が必要とされるものがあります。

　　このうち、農協法に明文の定めがあるものは、出資１口金額の減少にかかる定款の変更です。これは、債権者を保護するために必要とされているもので、一般に債権者保護手続と呼ばれるものです（法49条、50条）。すなわち、組合が出資１口金額を減額する定款の変更の決議をしたときは、債権者に対し一定期間内にその定款変更に関する異議を申し述べることができる旨を公告し、かつ、貯金者、定期積金の積金者、共済契約に係る債権者および保護預り契約に係る債権者以外の組合が知っている債権者には、個別にこれを催告しなければなりません（法49条２項、令26条、規則180条）。そして、この公告・催告があったにもかかわらず、異議申述期間内

に異議を述べなかった債権者は、出資１口金額の減少に同意したものとみなされます（法50条１項）。一方、当該異議申述期間内に異議を述べた債権者に対しては、組合は、出資１口金額の減少によって債権者を害するおそれがない場合を除き、その債務を弁済し、もしくは相当の担保を供し、またはその債権者に弁済を受けさせることを目的として、信託会社もしくは信託業務を営む金融機関に相当の財産を信託しなければなりません（同条２項）。

　このほか、出資１口金額の減少にかかる定款変更を極限化した出資組合を非出資の組合にするための定款変更については、同様に債権者保護手続が必要です（法54条の５第３項）。

　また、これとは逆に、組合員を保護するために必要と解されている定款変更の手続があります。これには、組合員の有限責任の原則（法13条４項）に反することとなる定款変更、すなわち出資１口金額を増額させる定款変更、非出資の組合を出資組合とするための定款変更、組合員の保有すべき出資の最低持口数を引き上げるための定款変更があり、この場合には組合員の同意がなければ定款変更の効力が生じません。

　さらには、除名の手続によらずに組合員の地位を奪うことになる定款の変更や現在の組合員たる権利が縮減されることになる定款変更もこれと同様です。

解　説

　定款の変更は、組合の組織および運営に関する根本規則たる実質的意義における定款の変更を意味し、本来、書面たる定款とは関係がありません。もちろん、実質的意義における定款の変更があったときは、形式的意義における定款書面も改める必要が生ずるのはいうまでもありません。

　一般的には、実質的意義の定款変更と形式的意義の定款変更とは同時に行

われますが、たとえば、定款の絶対的必要記載事項である「地区」に関し、行政区画の変更にともなって定款所定の地区の範囲が拡大することになっても自動的に実質的意義における地区が拡大することにはならず、組合の意思にかかわらず実質的意義における定款は行政区画の変更前の地区に変更されることになります。この場合には、組合の意思をもって実質的な意義の地区を拡大しない限り、形式的意義における定款の変更を行う必要が生じますが、この場合の形式的意義における定款だけを変更するものであっても、その変更のために必要な手続は、何ら異なるところはないと解されています。

　また、定款の変更は、既存の規定の削除のみならず、新たな規定を設ける場合をも含み、規定の内容の変更たると字句の修正たると、さらには規定の形式の変更たると、またその変更が必要記載事項に関すると任意的記載事項に関するとを問いません。

　定款を変更するには、総会の特別議決の方法による定款変更の決議（法44条1項1号、46条1号）と、これについての行政庁の認可を受けること（法44条2項）が必要であり、両者が相まってはじめて定款変更の効力が生じます。ただし、軽微な事項その他の農林水産省令で定める事項に係る定款変更については、認可を要しないこととされています（同項かっこ書）。

　特定の定款の変更については、総会における特別決議と行政庁の認可という一般的手続に加えて、組合員または債権者を保護するための特別の手続が必要とされています。このうち、出資1口金額の増額に関する手続については、別途、組合の財務に関する項で説明することとし、ここでは、農協法には明文の規定のない、組合員の保護のために必要とされる定款変更の手続について説明しておきましょう。

　一つは、出資1口金額の増額など組合員の責任を加重することとなる定款の変更です。出資1口の金額は均一でなければなりません（法13条3項）ので、出資1口の金額を増額する定款の変更が行われると、組合員は、変更前に引き受けた出資口数についても増額部分の金額の払込みを要することにな

りますが、これは出資組合の組合員の責任を、法律の規定（法17条）に基づく経費の負担のほか、引き受けた出資額を限度とする旨（組合員有限責任の原則といわれる）を定めた農協法13条４項の規定に抵触することとなります。したがって、本来ならばそのような定款の変更はできないわけですが、定款変更によって組合員の責任が加重されることとなることを認識し、同意の上で定款を変更する場合にまでこれを許さないと解すべき理由はありません。そこで、出資１口金額を増額する定款の変更は、その変更の登記にあたり組合員全員の同意を得た場合に可能であるとされており、この場合には一般的手続に加えて、組合員全員の同意を得ることが必要となります。

　また、組合員の責任が法律の規定（法17条）に基づく経費の負担に限られている非出資組合（法15条）を出資組合とするための定款の変更は、その組合員に新たな出資引受義務を課し、責任を加重することになるので、同様の理由により組合員全員の同意を得ることが必要となります。

　次に、農協法13条２項は、出資組合の組合員は出資１口以上を有しなければならない旨定めていますが、既述の組合員の有限責任の原則との関係で、組合員は定款で定めた最少出資口数（最少持口数）を超えて出資する義務を負うことはありません。したがって、定款で定めた最少持口数を引き上げるための定款の変更は、自らの意思によらずに新たな出資引受義務を負うこととなる組合員が生じますので、かかる組合員全員の同意を得ることが必要となります。

　このほか、組合の地区または組合員資格に関する定款の規定の変更については、その変更にともない、現在の組合員がその組合員たる資格を喪失することになる場合が考えられます。その結果としてその組合員が資格を喪失して当然に脱退することになるとすれば、その定款変更は、除名事由のない組合員を除名手続によらないで除名したに等しいことになってしまいます。また、変更の結果、現在の正組合員が准組合員になることは、正組合員に対して法律が与えていた議決権、選挙権など正組合員固有の権利の一部を奪うに

等しいことになります。したがって、本来ならばそのような定款の変更はすることができないはずですが、その変更によって組合員たる地位にそのような変動を生ずることになる組合員全員の同意があった場合でも変更できないとすべき理由はありません。そこで、このような定款の変更をする場合には、その組合員全員の同意を得て行うことになります。

5 規約・規程とは

⊕　規約とは、定款で定めなければならない事項を除き、組合の組織運営に関する自治法規です。定款とは異なり、規約を設けるかどうかは組合の任意であり、その設定、変更および廃止は、総会の普通決議の方法による組合の意思決定だけで効力を生じ、行政庁の認可を必要としません。

　　農協法29条は、規約で定めることができる事項として、①総会または総代会に関する規定、②業務の執行および会計に関する規定、③役員に関する規定、④組合員に関する規定、および⑤その他必要な事項を定めています。しかし、規約で定めることができる事項というのは、規約で定めなければ効力が生じないという事項ではありませんので、これらの事項は規約以外の自治法規で定めることもできます。

⊕　ある事業を適法に実施するために、定款のほかに必ず定めなければならない自治法規として次のようなものがあります。

（1）　信用事業規程

　　組合が、貯金または定期積金の受入れの事業（法10条1項3号）を行おうとするときは、信用事業規程を定め、行政庁の承認を受けなければなりません（法11条）。

　　この信用事業規程には、組合が行おうとする信用事業種類および事業の実施方法に関して主務省令で定める事項を記載しなければならず、その変更（軽微な事項その他の主務省令で定める事項に係るものを除く）または廃止は、行政庁の承認を受けなければ、その効力を生じないことになっています（同条2項・3項）。

（2）　共済規程

　　組合が、共済事業（法10条1項10号）を行おうとするときは、共済規程を定め、行政庁の承認を受けなければなりません（法11条の17）。

　この共済規程には、組合が行おうとする共済事業の種類その他事業の実施方法、共済契約、共済掛金および責任準備金の額の算出方法に関して農林水産省令で定める事項を記載しなければなりません（同条2項）。なお、軽微な変更を除き、その変更または廃止は、行政庁の承認を受けなければ、その効力を生じないことは、信用事業規程の場合と同じです（同条3項）。

（3）　農地信託規程等

　以上のほか、農協法に定めがある規程には、農地信託規程（法11条の42）、宅地等供給事業実施規程（法11条の48）および農業経営規程（法11条の51）があり、いずれも記載すべき事項は農林水産省令で定められています。これら規程の設定・変更（一定の軽微な変更を除く）・廃止がいずれも行政庁の承認を受けなければ効力が生じないことは、信用事業規程や共済規程と同じです。

 解　説

　規約で定めることができる事項については、農協法29条に規定がありますが、それらは規約で定めなければならない事項というわけではありませんので、定款とは異なり、規約を欠く組合も少なくありません。なお、規約の規定は、これに反する定款、信用事業規程等の自治法規以外の自治法規の規定を無効とする効力を有するものと解されますので、規約を設定する意義もここにあるといえます。

　定款との主な違いについては、その有無が組合員の存立要件とは無関係である点、規約の変更は、定款の変更と異なり、総会（または総代会）の普通決議で足り、行政庁の認可も不要である点をあげることができます。

　次に規程ですが、規程も組合の自治法規のひとつであるという点では、定款や規約と同じですが、農協法には、ある特定の事業を適法に実施するため

の要件たる自治法規が定められています。

　すなわち、組合が、貯金または定期積金の受入れの事業（法10条１項３号）、共済事業（同項10号）、農地信託の引受けの事業（法10条３項）、宅地等供給事業（同条５項）または農業経営の事業（法11条の50）を行おうとするときは、それぞれ事業の実施方法など省令で定める事項を記載した信用事業規程、共済規程、信託規程、宅地等供給事業実施規程または農業経営規程（以下、この項で「信用事業規程等」と総称する）を総会の普通決議（法44条１項２号）の方法により設定し、行政庁の承認を受けなければなりません（法11条１項、11条の17第１項、11条の42第１項、11条の48第１項、11条の51第１項）。これに違反してそれらの事業を行っても、その法律行為（契約）の効力に直ちに影響することはありませんが、過料の制裁の対象となりますので（法101条１項２号、６号、９～11号）、この行政庁の「承認」は、それらの事業を適法に行うことができるようにする「許可」[*1]の性質を有するとともに、信用事業規程等の設定の効力を生じさせる「認可」[*2]の性質を併有する行政処分であるということができます。

　信用事業規程等の変更または廃止は、原則として、総会の普通決議により決定し（法44条１項２号）、行政庁の承認を受けることによって効力を生じますが（法11条３項、11条の17第３項、11条の42第３項、11条の48第３項、11条の51第３項）、共済規程の変更については、組合の意思決定手続に例外を認める定めがあります。すなわち、その変更が、変更の前後を通じ、その事業の実施により組合が負う共済責任の全部を他の組合の共済に付すことを条件として実施されるものであるときには、定款で定めるところにより、総会の決議を経ることを要しないこととすることができます（法44条５項）。なお、この場合においては、組合の定款に、総会の決議を経ることを要しない共済規程の変更の範囲および当該変更をした場合における当該変更の内容の組合員に対する通知・公告その他の周知の方法を定めなければならないこととされていますが（施行令25条）、これは農業協同組合と農業協同組合連

合会がそれぞれ機能を分担し全国的に統一した方法で行われている共済事業の特性と実態に配慮したものです。

　なお、組合が、農協法11条の50第1項の規定に基づき農業経営の事業を行う場合にあっては、農業経営規程の総会での普通決議の方法による設定のほか、正組合員の3分の2以上の書面（電磁的方法によることも可）による同意を得ることが必要で（同条3項・4項）、さらに、農業協同組合連合会の会員である組合がその連合会の行う農業経営の事業につき同意するについては、会員たる組合の総会において正組合員の半数以上が出席し、その議決権数の3分の2以上の多数による決議を経なければなりません（同条6項）。

　なお、信用事業または共済事業のみを行う組合が信用事業規程または共済規程に定める重要事項に違反したため、行政庁がその規程の承認を取り消したときは、その組合は法律上当然に解散することとされています（法95条3項・64条6項）。

＊1　許可…法令によってある行為が一般的に禁止されているときに、特定の場合にこれを解除し、適法に行為ができるようにする行政上の行為のこと。

＊2　認可…行政庁が法律行為を補充し、その法律上の効力を完成される行政上の行為のこと。

V

農協の総会

1 組合の機関とは

✳ 組合は、法人ですので（法4条）、構成員（組合員）とは別に、独立して組合の名において権利をもったり義務を負ったりします。しかし、組合は、自然人と異なって観念的存在ですので、自然人と同じような意味で組合自身が意思を決定し、活動することはできません。そのため、特定の自然人の意思決定や活動を組合自身の意思および活動として認める必要があるわけです。このような、組合の意思や行動として認められる行為を行うべき者の組合という組織上の地位ないしは内部組織を法人である組合の機関といい、機関の有する力（権能）を権限といいます。

　組合員が組合存在の基礎であるのに対し、機関は組合が活動するための基礎であり、組合員のいない組合が存在しないのと同じく、機関のない組合もまた存在しません。

✳ 法人が活動するためには、最低限、意思決定機関とその意思を実行し対外的に組合を代表する機関があればよいといえますが、農協法は、組合として必ず設置しなければならない機関として、組合の意思決定機関である総会、業務を執行する機関である理事会・代表理事（信用事業を行う連合会および一定規模以上の連合会については、その上位機関としての経営管理委員会）および業務執行機関を監督する監事を定めています。

　以上は、組合の必置機関ですが、正組合員数が500人を超える一定以上の組合において設置することができる総会に代わるべきものとしての総代会があります。これは、設置してもしなくてもよい任意の機関であり、設置した場合でも総会という機関が消滅するわけではありません。なお、経営管理委員会は、特定の組合にとっては必置の機関ですが、それ以外の組合にあっては任意機関です。ここで、必置機関というのは、法律の規定によりその法人に必ず置かなければならない機関で、それ以外の機関は任意

機関ということになりますが、任意機関には法律以外に定款で定めるものがあります。たとえば、役員を選任の方法によって選出する場合に設置されている役員推薦委員会のようなものがその例です。

㊕　組合の各機関の権限の配分、とりわけ総会の権限に関しての農協法の規整は、組合の目的や本質に照らして相応しいものになっています。

解　説

機関とは、自然人をもって構成されるいわば法人の内部機構です。したがって、抽象的な仕組としての機関そのものと、機関を構成し、あるいは機関に割り当てられた権能の行使を担う自然人とは概念上区分されなければなりません。簡単にいうと、たとえば代表理事という機関そのものと代表理事という機関の担当者（代表理事の権能の行使を担う自然人）とは、法律上は、別個の存在であって、代表理事という機関は必置機関ですが、その機関の担当者である自然人は一時的に欠くことはありうるわけです。

ところで、法人が活動するためには、最低限、意思決定機関とその意思を実行し対外的に組合を代表する機関があればよいことになりますが、機関のあり方は法人の種類によって一様ではありません。戦後の農協法は、戦前の産業組合法におけると同様、組合の必須機関として、組合の意思決定機関である総会（総代会）、業務を執行する理事およびこれを監督する監事の三つの機関を法定しました。これは、三権分立の政治思想の影響によるものですが、平成４年には、意思決定機関としては総会以外に法定の制度として理事会が加わり、さらに平成８年には、理事会のほかに、任意の機関として経営管理委員会（経営管理委員会については、平成13年の改正で、信用事業を行う連合会および一定規模以上の連合会については必置機関となった）が加わることになりました。

このように、機関の設計については、構成員自体が機関として業務執行を

行う持分会社とは異なって、第三者機関制を採る点では、株式会社と同様の機関の分化（所有と経営の分離）が認められます。しかし、別途後述するように、総会が最高の意思決定機関であると同時に万能機関的性格を維持していること、そして理事の一定数以上（経営管理委員を置く場合を除く）および経営管理委員の一定数以上は、正組合員（正組合員が法人である場合には当該法人の役員）でなければならないというように、協同組合の特性、すなわち協同組合の本質的な要素であると考えられている、事業の利用者が同時に資金の提供者（出資者）であり、組織の運営・管理者であるという三位一体の原則を反映したものになっています。

　なお、学問上、その機関の権能の行使にあたるべき構成員または担当者が恒常的に存在することが予定されている機関を常置機関ないしは常設機関といい、これに対し、その機関の権能を行使する必要が生じたときに、そのたびごとに構成員または担当者が定められる機関を臨時機関ということがあります。また、機関はその権能に即して、意思決定機関、業務執行機関、代表機関、監査機関などに分けられます。これらの分類は、機関の機能に着目したものですので、たとえば、法人を代表するのはその法人の業務執行にほかならず、代表機関は常に業務執行機関であるというように、一つの機関が二つ以上の種類に該当することもあります。この他、機関の権能の行使方法に着目し、その機関の権能の行使がその機関の構成員の合議の方式でなされる機関を合議機関とし、その機関の権能の行使を担う者が制度上単数である機関、または、それが複数の場合でも各自単独でその機関の権能を行使する機関を、単独機関ないしは独任機関などと呼んで区別する場合があります。

2　総会とはどのような機関か

⊛　総会は、正組合員全員によって構成され、その合議（議決）によって組合の意思決定を担当する組合の機関です。総会は役員を選出し（法30条）、役員は総会の決定に拘束されることになりますので（法35条の２第１項）、組合の機関のなかの最高機関であるとともに、総会では、法律または定款で総会以外の他の機関の専権事項とされている事項を除いては、強行法規や公序良俗に反しない限り、どのような事項でも決議できると解されており、万能の機関でもある点に大きな特徴があります。

⊛　総会は会議体の機関で、毎事業年度定期的に開催される通常総会と必要に応じ臨時に開催される臨時総会とがあります。

　通常総会とは、定期的に開催される総会で、定款の定めるところにより、毎事業年度１回招集しなければならないことになっているものです（法43条の２）。これは、事業年度ごとに決算を承認し、剰余金の処分または損失の処理に関する決議をするためです（法36条）。もっとも、それ以外の事項を議決できないわけではありませんが、通常総会に固有の権限は、決算の承認と剰余金（損失）の処分（処理）方法の決定にあります。

　臨時総会は、必要に応じて臨時に招集されるものですが、その権限においては通常総会の権限と別段の違いはありません。

　組合は、組合員とは別個の独立した権利義務の主体となる法人ですので、組合の組織、運営、管理それに事業活動は、組合員全体の総意に基づいて行われなければなりません。この組合の意思を決定するための常置の機関が総会です。総会という機関は、会議体の機関ですので、意思決定をするために

は会議としての総会を開かなければなりません。このことから、総会は常置の機関ではなく、臨時の機関であると説明される場合がありますが、理論的には、存在形式としての総会と、その活動形式としての会議体としての総会とは、区別して理解するのが正当でしょう。

　総会は、いわば組合の所有者（出資者）である組合員全員で構成する意思決定機関ですので、組合の最高機関であるというのは当然です。協同組合は、組合員が資金を出し合って共同事業を行い、その事業の利用を通じて直接的な便益を享受するために結成された組織であり、協同組合に加入するのも事業を利用するためにほかなりません。そのため、組合がどのような事業を行い、どのように事業を実施するかは、組合員の利害に直接的な影響を及ぼす関係にあるわけです。農協法が、「毎事業年度の事業計画の設定及び変更」を総会の決議事項とし（法44条1項3号）、その結果である「〔財産目録〕、計算書類及び事業報告」を総会の決議事項としている（同項5号）のも、協同組合の本質的性格に由来するものです。

　もっとも、会計監査人設置組合の計算書類（剰余金処分案または損失処理案を除く。）については、会計監査人の無限定適正意見があった場合で、かつ、監事の監査報告に会計監査人の監査方法または結果を相当でないと認める意見がない場合には、総会（または総代会）の承認決議は不要とされ、報告で足りことになっています（法37条の2第4項→会社法439条、令26条、規則158条2項）。ただし、この場合であっても事業報告については総会の承認決議を欠くことはできません。

　事業計画と事業報告が総会の決議事項となっている点は、株式会社の株主総会の決議事項と比して際立った特徴の一つですが、その他にも大きな違いが存在します。それは、取締役会設置会社の株主総会の権限が会社法に規定する事項と定款で定めた事項に限って決議できることになっている（会社法295条2項）のに対し、農協法にはこのような制限はなく、他の機関にその決定を委任することができず専ら総会において決議しなければならない事項

（総会の専権事項）のほか、他の機関の専権事項とされている事項を除いては、強行法規や公序良俗に反しない限り、どのような事項でも総会で決議することができると解されている点です。

※　計算書類とは

　農協法上、計算書類とは貸借対照表、損益計算書、剰余金処分案または損失処理案その他組合の財産および損益の状況を示すために必要かつ適当なものとして農林水産省令で定めるもの（現時点では、注記表のみ）をいいます（法36条2項）。

　ところで、臨時総会で計算書類の承認ができるかどうかについては議論がありますが、原則として、臨時総会では決議できません。もっとも、何らかの理由で所定の期間内に開催できず、所定の期限を過ぎて開催された総会で決議された計算書類の承認も有効と解さざるをえませんが、これを通常総会と呼ぶか臨時総会と呼ぶかは、単に呼び方の問題にすぎないといえます。なお、通常総会を開催したものの審議未了で決算書類の承認がなされず流会になったような場合、次に開催される総会でその承認がなされる必要がありますが、それは臨時総会として招集されることになるでしょう。

3 総会はどのような権限をもっているか

✳ 総会は、法律によって総会以外の機関の権限とされている事項を除き、法律で総会の権限とされている事項に限らず、組合の組織、運営、管理その他組合に関する一切の事項について決議する権限をもっています。

具体的に農協法で総会の権限として定められている事項には、次のようなものがあります（法44条1項、46条等）。

（1） 特別決議を要する事項

特別決議とは、正組合員の半数以上が出席し（定足数）、その議決権の3分の2以上の多数により決議する（定款で要件を加重すること可）ことをいいます（法46条本文）。この特別決議を要する事項には、①定款の変更（同条1号）、②組合の解散および合併（同条2号）、③新設分割（法70条の3第5項）、④合併および新設分割の場合の設立委員の選任（法66条1項、70条の3第5項）、⑤農業協同組合連合会の権利義務の包括承継（法70条2項→46条）、⑥組織変更（法73条の3第2項、80条、86条）、⑦組合の継続（法64条の3第2項）、⑧組合員の除名（法46条3号）、⑨事業の全部の譲渡、信用事業の全部の譲渡ならびに共済事業の全部の譲渡および共済契約の全部の移転（同条4号）、⑩共済契約の契約条件の変更（法11条の36第1項・2項）、⑪役員・会計監査人の組合に対する責任の免除（法46条5号、37条の3第2項）、⑫組合員が一定数以上の農業協同組合が農業の経営を行うにつき組合員の個別の同意に代えて行う総会の決議および農業協同組合連合会が農業の経営を行うについての当該連合会の会員たる組合における同意の意思の決定（法11条の50第9項）があります。

（2） 普通決議で足りる事項

普通決議とは、出席者の議決権の過半数でこれを決することをいいま

す（法45条1項）。これには次のような多くの事項があります。

①　規約、信用事業規程、共済規程、信託規程、宅地等供給事業実施規程および農業経営規程の設定、変更および廃止（ただし、共済規程の変更のうち一定のものは総会決議が不要）

②　毎事業年度の事業計画の設定および変更

③　経費の賦課および徴収の方法

④　財産目録または計算書類および事業報告（財産目録は非出資組合のみであり、計算書類のうち貸借対照表、損益計算書および注記表については、一定の場合には報告のみで足りる）の承認

⑤　農業協同組合連合会の設立の発起人となりまたは設立準備会の議事に同意すること

⑥　組合への加入および脱退（以上、法44条関係）

⑦　役員および会計監査人の選任（法30条10項、37条の3第1項→会社法329条1項）

⑧　役員の報酬等（法35条の4第2項→会社法361条、法35条の5第5項→会社法387条）

⑨　役員の改選（解任）請求に関する同意（法38条7項）

⑩　会計監査人の解任（法37条の3第1項→会社法339条）

⑪　総代会において組合の解散、合併または新設分割の決議があった場合における、組合員の請求に基づき招集された総会での当該総代会決議の非承認（法48条の2第5項、70条の3第5項）

⑫　信用事業の一部の譲渡またはその全部または一部の譲受け（法50条の2第1項・2項、ただし一定の場合には総会決議不要＝法50条の3第1項）

⑬　共済事業の一部の譲渡（法50条の4第1項）

⑭　清算人の選任（法71条1項ただし書）

⑮　清算における財産目録、貸借対照表、残余財産の処分方法（法72条

1項）

⑯　清算中の事業年度における事務報告・貸借対照表および決算報告の
　　承認（法72条の2、72条の3）

✳　以上が農協法で定める総会の決議事項ですが、それ以外にも各組合の
　定款において総会の決議をもって定めることとしているものが少なくあり
　ません。

　　なお、総会に代わるべきものとして総代会を設置している組合において
　は、以上の総会の権限とされている事項は、総代会の権限ですが、組織に
　関する最も重要な事項である組合の解散および合併等に関する決議につい
　ては、総代会の決議だけでは直ちにその決議の効力が生じないようになっ
　ています（法48条の2）。

解　説

　前述のように、総会では、法律または定款で総会以外の他の機関の専権事
項とされている事項を除いては、強行法規や公序良俗に反しない限り、どの
ような事項でも決議できると解されています。定款でもっても農協法で総会
の決議を要するとされている事項以外の事項について、総会の決議を要する
事項として定めることができ、実際上も多くの事項が総会の決議事項とされ
ています。

　ところで、議決とは議をもって決する行為をいい、決議とは議決されるこ
と、またはその結果をいいますが、本書では厳密な使い分けをしていません。

　総会の決議は、多数決をもって行うことになりますが、この多数決の要件
には、「特別決議」と「普通決議」の二つがあります。このうち、普通決議
に関しては、農協法上、定足数の定めがなく、したがって、法律上は、それ
が適法に招集された総会であれば、1人でも有効に決議することが可能とな
ります。もっとも、民主的な意思決定としては問題がありますので、定足数

については、特別決議の場合と同様、半数以上の組合員が出席することを要件とし、定足数を充たす出席者が得られず、総会が流会となった場合において、当初の招集に係る議題を決議するために再度招集される総会については、定足数を充たしていない場合でも議決することができることとしているのが通例です。

　ところで、役員または総代会が置かれている場合における総代の選出方法を、定款をもって総会外で選挙することができる（法30条4項ただし書、48条4項ただし書）こととした場合を除き（設立当時の役員の選出は創立総会の専権事項です）、総会は、選挙の方式で選出する権限をも有します（法30条4項本文、30条の2第1・2項、48条4項本文）。したがって、この場合の役員の選挙または総代の選挙は、総会の権限の一つということになります。ただし総代会において総代の選挙することはできませんので（法48条8項）、いかなる場合でも総代を選挙する権限が総代会の権限になるということはありません。

　また、農協法が総会の決議事項として規定する事項は、いずれも重要な事項として、総会の専権事項であり、他の機関に決定を委任することはできません。なお、この専権事項は、総会がその決定を他の機関に一任する旨の決議をすることは許されませんが、総会が直接決定しなければならないと認められる内容を総会で決議したうえで、それ以外のいわゆる細目的内容の決定を他の機関に一任することは、総会の専権事項とした法律の趣旨に照らして許されます。

4 総会の招集のしかた

総会で有効に決議をすることができるためには、招集権限のある者によって法律の定める手続に従って総会が招集される必要があります。

この総会の招集権者と招集のための手続は、おおむね次のとおりです。

1 招集権者

通常、総会を招集する権限を有する者は、理事（経営管理委員設置組合にあっては、経営管理委員）になります（法43条の4第1項）。

理事が招集する場合には理事会が、経営管理委員が招集する場合には経営管理委員会が、①総会の日時および場所、②総会の目的である事項があるときは当該事項、および③農林水産省令で定める事項、を決定する必要があり（法43条の5第2項）、これらの事項は招集通知に記載されなければならないことになっています（法43条の6第3項）。

そして、具体的な招集の通知そのものは、執行行為として代表理事の職務であると解されますので、理事会が招集の決定をする場合の招集権者は、理事会と代表理事です。なお、経営管理委員会が招集の決定をする場合には、経営管理委員会と経営管理委員ということになります。

これ以外の者が招集権者になる場合があります。それは次の三つのケースです。

（1）監事が招集権者になる場合

①理事（または経営管理委員）の職務を行う者がいないとき、②正組合員が総正組合員の5分の1（これを下回る割合を定款で定めた場合にあっては、その割合）以上の同意を得て、会議の目的である事項および招集の理由を記載した書面を理事会（経営管理委員設置組合にあっては経営管理委員会）に提出して総会の招集を請求したときは、理事会（または経営管

理委員会）は、その請求のあった日から20日以内に臨時総会を招集すべきことを決しなければなりませんが（法43条の3第2項）、この場合において、理事（または経営管理委員）が正当な理由がないのに総会招集の手続をしないときには、監事が総会を招集しなければならないことになっています（法43条の4第2項）。なお、経営管理委員設置組合にあっては、経営管理委員および監事の職務を行う者がいないときは、理事が総会を招集します（同条3項）。

（2）行政庁が招集権者になる場合

　役員の職務を行う者がいないため遅滞により損害を生ずるおそれがある場合において、組合員その他の利害関係人の請求があったときは、行政庁は、一時理事もしくは監事の職務を行うべき者を選任し、または役員（経営管理委員設置組合の理事を除く）を選挙もしくは選任するための総会を招集することが認められています（法40条1項）。

（3）清算人等が招集権者になる場合

　組合の解散後においては、清算事務につき必要な場合には、清算人および清算人会が総会の招集権者となって総会を招集します（法72条の3→43条の4、43条の5第2項）。

　以上、いずれの者が招集権者として招集する場合にも、①総会の日時および場所、②総会の目的である事項があるときは当該事項、および③農林水産省令で定める事項は、総会の招集通知に記載等されなければなりませんが（法43条の6第3項）、これらの事項は、理事が招集する場合には理事会が、それ以外の者が招集権者として招集する場合には、それぞれの招集権者（経営管理委員が招集する場合には経営管理委員会、清算人が招集する場合には清算人会）において決定しなければなりません（法43条の5、72条の3→43条の5第2項）。

2 通知の方法

　総会の招集通知は、総会の日の10日前までに、書面をもって、正組合員全員に対して発しなければなりません（法43条の6第1項、40条2項→同項）。

　招集の通知には、①総会の日時および場所、②総会の目的である事項がある場合には、その事項およびこれ以外の農林水産省令で定める事項を記載等しなければならないことは前述のとおりですが、総会では、定款で別段の定めがある場合を除き、あらかじめ通知した事項以外の事項については決議をすることができません（同条3項）。これは、正組合員に対し、議決権または選挙権の行使のための準備の機会を与えるためです。

　このほか、定款の定めにより、書面による議決権または選挙権の行使を認める組合にあっては、招集の通知に際して、議決権または選挙権の行使について参考となるべき事項を記載した書類（総会参考書類）および議決権または選挙権を行使するための書類（議決権行使書面）を交付しなければならないことになっています（法43条の6第5項→会社法301条）。総会参考書類の交付を求めているのは、組合員自身またはその代理人が総会に出席する場合と異なり、書面による議決権等の行使を行う場合にあっては、議案の審議を通じた議案への賛否の判断材料が得られない点を補うという趣旨によるものです。

解 説

　総会の招集は、組合員（正組合員）に出席の機会と準備のための期間を与えるために、所定の招集権者から正組合員に対し、総会の日の10日前までに通知を発しなければなりません（法43条の6）。

　通知は、組合員の承諾を得て電磁的方法により発することも可能ですが（同条2項）、原則として、書面で発しなければなりません。

　通常総会にあっては、招集通知に際して、決算関係書類を組合員に提供し

なければなりません（法36条7項）。

「会議の目的である事項」とは要するに議題のことです。これは会議において審議し決議すべき事項を意味し、議案の内容まで含める必要はありませんが、それが①役員の選任、②役員の報酬等、③事業譲渡または共済契約の移転、④定款の変更、⑤合併、⑥農業協同組合連合会の権利義務の承継、⑦新設分割、または⑧組織変更である場合には、その議案の概要（①または②に掲げる事項に係る議案が確定していない場合にあっては、その旨）も記載することが求められています（規則160条6号）。

なお、定款をもって書面による議決権を行使することを認める場合にあっては、組合員が賛否の判断ができるよう、総会参考書類と議決権行使書面を交付等しなければなりません。その場合、総会参考書類に記載しなければならない事項としては、①議案、②提案の理由（総会において一定の事項を説明しなければならない議案の場合における当該説明すべき内容を含む。）③監事が、理事または経営管理委員が総会に提出しようとする議案等につき調査し、法令・定款に違反し、または著しく不当な事項があると認め、総会に報告すべき調査結果があるときにおける、その結果の概要、④当該事業年度中に辞任した役員等がある場合に、㈠監事または会計監査人の辞任についての意見があったときの、当該監事または会計監査人の氏名または名称およびその意見の内容、㈡監事または会計監査人を辞任した者が辞任した旨およびその理由を述べるときの当該監事または会計監査人の氏名または名称とその理由があります（規則162条1項）。このほか理事等の選任に関する議案、監事の選任に関する議案、会計監査人の選任に関する議案、理事等の解任または改選に関する議案、監事の改選に関する議案、会計監査人の解任または不再任に関する議案、役員の報酬等に関する議案、監事の報酬等に関する議案、責任免除を受けた役員等に対し退職慰労金等を与える議案等、決算書類の承認に関する議案、合併契約等の承認に関する議案、新設分割計画の承認に関する議案、および事業譲渡等に係る承認に関する議案のそれぞれにつき、総

会参考書類に記載しなければならない事項が定められています（規則164条
～173条）。また、総会参考書類に必ず記載しなければならない事項ではあり
ませんが、これに記載してもよい事項に、書面による議決権の行使の期限、
電磁的方法による議決権行使の期限その他組合員の議決権行使について参考
となると認められる事項があります（規則162条2項）。

　議決権行使書面に記載すべき事項は、①各議案についての賛否（棄権の欄
を設ける場合にあっては、棄権を含む）を記載する欄、②賛否の記載がない
議決権行使書面が組合に提出された場合における各議案についての賛成、反
対または棄権のいずれかの意思の表示があったものとする取扱いをする場合
には、その内容、③書面および電磁的方法による議決権行使を併用する場合
において、重複して議決権の行使がなされた場合にいずれを優先させるか、
④議決権の行使の期限、および⑤議決権を行使すべき組合員の氏名（または
名称）・行使することができる議決権の数となっています（規則174条1項）。

　なお、同一の総会に関して組合員に対して提供する招集通知の内容とすべ
き事項のうち、議決権行使書面に記載している事項がある場合には、当該事
項は、招集通知の内容とする必要はなく（同条3項）、また同一の総会に関
して組合員に対して提供する議決権行使書面に記載すべき事項のうち、①の
賛否の記載の欄および⑤の議決権を行使すべき組合員の氏名（名称）・議決
権の数を除き、招集通知の内容としている事項は、議決権行使書面に記載す
る必要はありません（同条4項）。

　ところで、総会で、あらかじめ通知した事項以外について決議すること を
可能とするための、定款による別段の定めに関し、どの程度まで許容される
かは、極めて難しい問題を含んでいます。定款例では、特別決議を要する事
項のほか組織に関する重要事項の決定はこれを除き、それ以外で緊急を要す
る事項に限って決議することを認めていますが、妥当でしょう。

　なお、総会の延期・続行の決議は議事運営に関する議決の一種で、あらか
じめ通知に馴染む事項ではなく、通知しなくても決議することができます。

※ 電子提供措置

　現行法上、総会の招集通知の際に、組合員に対し提供すべき総会参考書類および議決権行使書面は、書面により提供することが原則であり、インターネットを利用して電磁的方法によりこれを提供するためには、組合員の個別の承諾を得なければならないこととされています（法43条の6第5項→会社法301条2項・302条2項）。なお、決算関係書類についてもこれと同様です（法36条7項、規則157条2項）。

　なお、これらの書類のうち一部の事項については、現行法上、組合員の個別の承諾がない場合でも、定款に定めがある場合には、招集通知を発する時から総会の日から3か月が経過する日までの間、継続してインターネットのウェブサイトに掲載することによって、組合員に対して提供したものとみなす制度（いわゆるみなし提供制度）が設けられています（規則163条、決算関係書類の一部に関しては規則157条4項）。

　令和元年改正（法律第71号）では、この電磁的方法による情報の提供制度が拡充され、組合員の個別の承諾を得ていないときでも、定款の定めに基づき、総会資料（総会参考種類・議決権行使書面・決算関係書類）の内容を自組合のホームページ等のウェブサイトに掲載し、組合員に対し当該ウェブサイトのアドレス等を総会の招集通知に記載等して通知した場合には、総会招集に際して提供すべき総会資料を適法に提供したものとする制度（以下「電子提供制度」という）が設けられています（法43条の6の2→会社法325条の2〜6）。この新たな電子提供制度の施行日は、会社法の一部を改正する法律（令和元年法律第70号）の公布の日〔令和元年12月11日〕から起算して3年6月を超えない範囲内において政令で定める日からとなっています。

5 総会の議事と議事録

1 総会の議事

　総会の議事運営については、総会において議長を選任すべき旨、総会の決議は、原則として出席者の議決権の過半数で決し、可否同数の場合には議長の決するところによる旨および議長は総会の議決に加わる権利がない旨（法45条）、特別決議を要する事項と決議成立の要件（法46条）、それに総会での役員の説明義務（法46条の2）だけで、これ以外農協法にはとくに定めがありません。定款、規約に規定があればそれに従うことになりますが、これらに規定がなければ慣習により、慣習がなければ会議体の一般原則によらざるをえません。

（1）議長

　総会の議事が円滑に行われるよう、総会の秩序を維持し、議事を整理するために議長が置かれますが、農協法は、総会においてこれを選任しなければならない（法45条2項）ことを規定するのみで、総会の議長としての一般的権限については明文の規定を置いていません。ただし、議長の性質と会議体一般の原則に従い、議長には、総会の秩序を維持し、議事を整理する権限があるのは当然で、必要な場合には総会の秩序を乱す者を退場させることができると解されます。

（2）役員の説明義務

　総会は会議体ですので、その構成員である正組合員には質問権があるのは当然で、法律に特段の規定がなければ認められないというものではありません。一方、役員は、総会に出席し、議題や議案について説明するのは当然で、また、組合員が総会で質問した場合には、その質問に対し答えなければならないのも当然ですが、法律は、説明を求められた事項が、①会議の目的であ

る事項に関しない場合、②説明をすることにより組合員の共同の利益を著しく害する場合、③説明をするために調査をすることが必要である場合、④説明をすることにより組合その他の者（説明を求めた組合員を除く）の権利を侵害することとなる場合、⑤同一の総会において実質的に同一の事項について繰り返して説明を求められた場合、その他、⑥説明をすることができないことにつき正当な事由がある場合には、説明をすることを要しないこととしています（法46条の２、規則177条）。

（3）決議の方法

　総会における決議の方法については、法律に別段の定めはなく、定款、規約に別段の定めがなければ、議長の判断に従って、投票の方式、挙手、起立などの表決方法を採用することになります。しかし、必ずしもかかる採決手続が必要なわけではなく、決議の成立要件に必要な議決権数に達したことが明白な場合には、議長が可否を確認することで足ります。

　決議成立の要件は、普通決議と特別決議とで異なること、および両者の対象となる事項はすでに説明したところですが、法律または定款の定足数に関する定めは、総会の成立要件であるとともに、議案を採決する際の要件でもありますので、採決時に定足数を欠いた決議は有効に成立しません。

　なお、総会において役員または総代の選挙をする場合には、無記名投票の方式によることになっています（法30条５項、48条６項）。

（5）延期・続行の決議

　延期・続行の決議は、議事進行に関する決議の一種で、所定の定足数を満たす組合員の出席があり総会が成立している状態であれば、法律の定めがなくても可能ですが、平成17年改正で、延期・続行の決議についての明文の定めが置かれました（法46条の３）。

　延期とは、総会の成立後議事に入らないで総会を延期することであり、続行とは、議事に入ったが審議が終わらず総会を後日に継続することで、原則として、次の日時・場所をその決議で定めるべきことになります。

なお、延期・続行は議事運営に関する事項であり、あらかじめ通知される事項ではありませんので、代理人または書面等によって議決権を行使することはできませんが、総会の成立している限りは、現に総会に出席している者の過半数の決議で足ります。

2　議事録

　総会については、農林水産省令で定めるところにより、議事録を作成しなければなりません（法46条の4第1項）。
　議事録は、総会の日から10年間、主たる事務所に、その写しを5年間従たる事務所に備置きしなければならないことになっていて、組合員および債権者は、組合の業務時間内であれば、いつでもその閲覧または謄写を請求することができることになっています（同条2項～4項）。

　総会においては、議長を選任すべきことと、そして議長は、組合員として議決に加われないかわりに可否同数の場合には議長の決するところによる旨の定め（法45条）、特別決議を要する事項とその決議成立の要件（法46条）のほか、総会での役員の説明義務（法46条の2）以外、議事の方法に関して法律はとくに定めを置いていません。したがって、定款または規約に定めがあればそれに従うことになりますが、定めがなければ慣習により、そして慣習がなければ会議体一般の原則によらざるをえないことになります。
　議題は、定款に別段の定めがある事項を除き、招集通知に掲げられた事項に限られます（法43条の6第4項）が、延期・続行その他の議事運営については議決することができます。
　議長は、総会においてこれを選任しなければならないことになっていますが（法45条2項）、可否同数のときの議長の決裁権（キャスティング・ボー

ト）との関係で、議長は出席した正組合員でなければならないと解されています。

　なお、議長の権限については、農協法は会社法のような明文の規定を欠いていますが、会議体の議事の一般原則に照らし、総会の秩序を維持し議事を整理する職務権限を有し、必要なときには、その命令に従わない者など総会の秩序を乱す者を退場させることができると解されます（会社法315条参照）。

　次に、役員は、その職務上、総会に出席し議題や議案について説明するのは当然ですが、法律には、役員の説明義務に関する定めが設けられています（法46条の２）。これは、新たな義務を課したというものではなく、説明を拒絶することができる事由を明確化した点にその意義があるといえます。すなわち、農協法46条の２は、役員は、組合員が求めた特定の事項につき説明をする義務があるとした上で、説明を求められた事項が、①会議の目的である事項に関しない場合、②説明をすることにより組合員の共同の利益を著しく害する場合、③説明をするために調査をすることが必要である場合、④説明をすることにより組合その他の者（説明を求めた組合員を除く）の権利を侵害することとなる場合、⑤同一の総会において実質的に同一の事項について繰り返して説明を求められた場合、その他、⑥説明をすることができないことにつき正当な事由がある場合には、説明をすることを要しないこととしています（同条、規則177条）。ただし、組合員が総会の日より相当の期間前に当質問事項を組合に対して通知した場合および質問された事項について説明をするために必要な調査が著しく容易である場合には、調査の必要があることを理由に説明を拒むことができないことになっています（規則177条１号）。

　この説明義務に違反し、正当な理由がないのに説明をしなかったときは、組合の役員は過料に処せられる（法101条１項41号）ほか、決議方法についての法令違反として、後述の決議取消の事由ともなります。

　また、会計監査人設置組合の通常総会において、会計監査人の出席を求める決議があったときは、会計監査人はその通常総会に出席して意見を述べな

ければならないことになっています（法37条の２第３項→会社法398条２項）。これに対する違反についても決議の取消しの事由となるほか、会計監査人が意見を述べるにあたり、虚偽の陳述をし、または事実を隠したときは、その会計監査人またはその職務を行うべき社員は過料に処せられます（法101条１項39号）。

　総会については、議事録を作成（電磁的記録によることも可）しなければなりませんが（法46条の４第１項）、その記載すべき事項については農林水産省令で定められています（規則178条）。総会の議事録については、後述の理事会等の議事録とは異なり、単なる記録・証拠の意味を有するにとどまることから、理事等、作成者の署名はとくに必要とはされていません。なお、総会で役員または総代の選挙を行った場合には、その選挙について選挙管理者等が選挙録等を作成すべきものとされています（法30条８項）が、議事録にはそれを援用する記載をすることになります。

　総会の議事録は、理事が、10年間主たる事務所に、その写しを５年間従たる事務所に備置きしなければなりませんが、議事録が電磁的記録をもって作成されている場合には、従たる事務所において閲覧または謄写の請求に応じうる措置が講じられているときは、従たる事務所への備置義務は不要となります。そして、当該組合の組合員および債権者は、その閲覧または謄写等を請求することができることになります（法46条の４第３項・４項）。この備置義務を怠り、もしくは必要な記載等をせず、または不実の記載等をした場合、ならびに正当な理由なくして閲覧等を拒んだときには、過料の制裁があります（法101条１項14号・15号）。

総会決議に瑕疵があるとき

　総会の決議に手続上または内容上の瑕疵があるときは、決議の効力をそのまま認めるわけにはいきません。

　農協法は、組合員による行政庁に対する総会決議等の取消請求を認める（法96条）ほか、訴えをもって決議の取消し、または決議の無効・不存在を主張することを認めています。

1　行政庁に対する取消請求

　総会の招集方法、決議の方法または選挙（総会外で行われた選挙を含む）の方法が、法令、法令に基づいてする行政庁の処分または定款もしくは規約に違反する場合は、組合員はその総数の10分の1以上の同意を得て、行政庁に対し、その決議または選挙もしくは当選の取消の請求をすることを認めています（同条1項）。

2　決議取消しの訴え

　総会の決議に一定の瑕疵がある場合には、訴えをもってその決議の効力を争うことができます。この一定の瑕疵、すなわち決議取消の訴えの原因となる取消事由は、①総会の招集の手続または決議の方法が法令・定款に違反し、または著しく不公正なとき、②決議の内容が定款に違反するとき、または③決議につき特別の利害関係を有する組合員が議決権を行使したことにより著しく不当な決議がなされたときです（法47条→会社法831条1項）。

　これによって訴えを提起できる者（提訴権者）は、組合員、理事、経営管理委員、監事または清算人に限られ、かつ、決議の日から3か月以内（提訴期間）に、組合を被告として取消しの訴えを提起しなければなりません（法47条→会社法834条17号、831条1項）。

なお、決議の取消原因が招集手続または決議方法の法令・定款違反という手続上の瑕疵にすぎないときは、裁判所は、その瑕疵が重大でなく、かつ、決議に影響を及ぼさないと認めるときに限って、その請求を棄却することができることとされています（法47条→会社法831条22項）。したがって、決議内容の定款違反を理由とする取消訴訟においては、裁量棄却は認められません。

3　決議の不存在・無効確認の訴え

　決議がそもそも存在しない場合または決議の内容が法令に違反する場合には、その不存在または無効の確認を訴えをもって請求することができます（法47条→会社法830条）。この場合の訴えの被告は、組合です（法47条→会社法834条16号）。

　この訴えの性質は、決議の取消しの訴えと異なり確認訴訟であり、訴えの利益があるかぎり、提訴権者および提訴期間の定めはなく、だれでも、また、いつでも、不存在または無効の確認の訴えを提起することができることになります。なお、取消しの訴えと異なり、裁判所による裁量棄却の制度はありません。

　総会の決議に手続上または内容上の瑕疵（※1）があるときは、決議の効力をそのまま認めるわけにはいきませんが、これを一般原則による処理に委ねるのは、法律関係の安定性確保の観点等から妥当ではありません。そこで農協法は、組合員による行政庁に対する総会決議または選挙の取消しの請求を認め、また、決議の取消しおよび無効・不存在の確認の訴えに関する会社法の規定を準用しています。

　平成4年改正（法律56号）前の農協法は、総会の決議に瑕疵がある場合に

は、行政庁に対する決議の取消請求を求めることができる規定のみ（法96条）が置かれ、これと訴えとの関係については議論があったところですが、同年の改正により商法〔現会社法〕の決議取消および無効・不存在の確認の訴えに関する規定を準用し、現在に至っています。したがって、現行法が認める総会決議の効力を争う訴えには、決議取消および無効・不存在の確認の３種が存在します。いずれの訴えについても、法律関係の画一的確定の要請から、対世効（※2）を付与し、訴訟当事者以外の第三者にも確定判決の効力を及ぼすこととしている点は共通です（法47条→会社法838条）。また、①裁判所の管轄（主たる事務所所在地を管轄する地方裁判所の管轄に専属する）（法47条→会社法835条）、②原告が悪意の場合の担保提供命令（法47条→会社法836条）、③同一請求に係る訴えが数個同時に係属するときの弁論・裁判の併合（法47条→会社法837条）、および④悪意・重大な過失のある原告の敗訴の場合の組合に対する損害賠償責任（法47条→会社法846条）については、各訴訟共通です。このうち、②および④は、濫訴防止の観点から設けられているものです。

　決議取消の訴えの原因となる取消事由の「総会の招集の手続または決議の方法が法令・定款に違反し、または著しく不公正なとき」とは、決議成立の手続に法令・定款の違反があるすべての場合をいいます。「決議の内容が定款に違反するとき」というのは、定款所定の人数を超える役員の選任、定款の規定に違反する剰余金の処分の決議などが考えられます。なお、決議の内容が法令にも違反する場合には無効となりますが、決議内容の定款違反が取消事由とされているのは、それは専ら組合の内部規律である自治法規に違反するものであり、組合員や組合内部関係者が争わないかぎり決議を無効とするに及ばないと考えられたためです。また「決議につき特別の利害関係を有する組合員が議決権を行使したことにより著しく不当な決議がなされたときである」というのは、決議に利害関係ある者についても議決権の行使を認めたこととの兼合いで、結果として著しく不当な決議となった場合に決議を取

り消すことができると、事後的な救済規定に改めたことによるものです。

　この決議取消の訴えの法的性質は、形成訴訟であると解されており、決議が取り消されるまでは一応有効に存在し、また、提訴期間が経過すれば瑕疵が治癒され、その効力を争えなくなります。これは法的安定性への配慮によるもので、決議の効力を画一的に確定する必要性に基づくものです。設立無効や合併無効の判決と異なり、無効の遡及効を否定する規定がありませんので、決議が取り消されれば、その決議ははじめに遡って無効とならざるをえません。

　次に、決議がそもそも存在しない場合または決議の内容が法令に違反する場合には、その不存在または無効の確認を訴えをもって請求することができます（法47条→会社法830条）。決議が存在しない場合とは、議事録は作成されていても会議は開催されていない場合はもちろん、手続的瑕疵が著しいため、法律上総会の決議があったと認めることができない場合を含みます。決議の内容が法令に違反する場合とは、具体的には、組合の有限責任の原則（法13条4項）に違反する決議、総会の決議事項に属さない決議、総会の専権事項の決定を理事会等に一任する決議、違法な剰余金処分案を承認する決議、組合員の固有権（何が固有権であるかについては議論があります）を侵害する決議、組合員平等の原則に反する決議などが考えられます。

　この訴えの性質は、決議の取消しの訴えと異なり確認訴訟であり、訴えの利益があるかぎり、提訴権者および提訴期間の定めはなく、だれでも、また、いつでも、不存在または無効の確認の訴えを提起することができるとするのが通説であり、この立場からは、無効の主張は、訴訟外においてもすることができ、法律が規定を置く趣旨は、訴えによって主張する場合の手続と判決に対世効を認め、法律関係の画一的確定を通じて法的安定性の確保を図るところに意味があるということになります。

　なお、以上の決議の取消しおよび無効・不存在の確認の訴えと農協法96条の規定に基づく行政庁に対する取消請求との関係については、訴えに関する

規定が整備される前は議論があったところです。同条の規定は、総会の決議、選挙にいわゆる手続上の瑕疵がある場合に、一定の要件のもとに行政庁に対して、取消処分を求めることができるという便益を少数組合員に付与したもので、組合員は、総会の決議、選挙に瑕疵がある場合には、その瑕疵が決議等の内容に関するとき、または手続的瑕疵の程度が重大であって決議等が不存在であるとされるときはもとより、同条に定める手続的瑕疵があるにすぎないときにも、直接裁判所に対して司法上の救済を求めることもできると解されます。

　むしろ問題は、行政庁に対する決議の取消しの請求と決議の取消しまたは不存在・無効確認の訴えとが同時になされたときでしょう。行政庁に対し決議の取消請求があった場合、行政庁は、その違反の事実があると認めるときは、当該決議または選挙もしくは当選を取り消すことができますが、取り消すべき義務を負うものではなく、取り消すかどうかは行政庁の任意ですので、行政庁としては、このような場合には、法的安定性の観点から問題の処理を裁判に委ね、取消処分をすることにはならないでしょう。

　ところで、行政庁に対する取消請求事由には、選挙についての手続上の瑕疵が含まれることは条文上明らかですが、決議取消および決議不存在・無効の確認の訴えを準用する農協法47条の規定からは、選挙に係る瑕疵が取消の訴えの対象となるかは明らかではありません。しかし、訴えの制度の趣旨に照らし、法律関係の安定確保という観点からは、選挙に係る瑕疵も決議の瑕疵と同様に扱うべきことになるでしょう。

※1　瑕疵とは

「きず」という意味ですが、法律上、何らかの欠陥があることを表すためのことばです。

※2　対世効とは

　判決の効力は、争いの当事者だけにその効力が及ぶのが原則ですが、広く当事者以外の第三者にもその効力が及ぶことを対世効または対世的効力といいます。

※　確認訴訟と形成訴訟

　原告が一定の権利関係が現存するかどうかの主張について判決を求める訴えを「確認訴訟」といい、これに対し判決による既存の法律状態の変更または新たな権利関係の発生の要件存在を主張する訴えを「形成訴訟」といいます。

7 総代会とは

⊕　総代会とは、定款の定めるところにより、総会に代わるべきものとして設けることができるとされている（法48条1項）、任意の機関です。この総代会の制度は、組合員数が多い組合にあっては、総会を開催することが困難あるいは不便であり、実質的な審議ができない等の理由から便宜的に認められているものです。

　総代会は任意の機関であり、総代会をおいた場合でも、これによって総会が必要機関でなくなるということではありません。なお、正組合員が500人以上であることが総代会設置の要件であり、かつ、存続の要件ですので、総代会設置後において正組合員の数が法定数の500人を欠くに至ったときは、総代会は法律上当然に消滅し、その構成員たる総代はその地位を失うことになります。

⊕　総代会は、総代によって構成されます。総代の定数は、総代の選挙の時における当該組合の正組合員の総数の5分の1（その総数が2,500人を超える組合にあっては、500人）以上でなければなりません（法48条3項）。この総代は、正組合員でなければならず（同条2項）、定款の定めるところにより、総会または総会外において正組合員の無記名投票の方法で行う選挙によって選出されます（同条4項、6項→30条5項～9項）。

　総代の任期は、3年以内において定款で定める期間であり（法48条5項）、総代には、法律または定款に定める総代会の権能に応じて、それぞれ総代会において行使すべき1個の議決権または役員の選挙権が与えられます（同条7項→16条1項）。

⊕　総代会は、総会に代わるべき機関ですので、総会に関する規定が準用されます（法48条7項本文）。議決権および選挙権の行使に関する規定もこれに含まれますが、総代の代理人資格は他の正組合員に限られ、また1

人の代理人が代理できる総代の数は１人に限られています（同条後段）。それは、総会において可能な限り正組合員の直接的な参画を確保しようとする趣旨が、いわば正組合員の代理人に類似する地位にある総代の場合にはより徹底されるべきであるからにほかなりません。

　総代会の権限については、総代を選挙する権能を有しないこと（同条８項）を除き、総会と同一ですが、組合の組織変更、組合の解散および合併ならびに組合の新設分割ならびに農業協同組合連合会の権利義務の包括承継については、総代会の決議だけでは直ちに組合の意思にはならず、組合の意思として確定するための手続規定が置かれています（法48条の２第２項～５項、70条第２項、70条の３第５項、73条の３第６項、80条、86条）。

解 説

　組合の民主的運営という観点では、組合の最高意思決定の機関は、組合員全員で構成する総会制度が望ましいといえますが、組合員数が多い組合にあっては、総会を開催することが困難あるいは不便であり、実質的な審議ができない等の理由から有効に機能しえないことも考えられるところです。そのため、組合員の全体の意思が反映する制度として考えられたものが総代会という間接民主主義の制度です。この制度の基礎は、出資の多寡にかかわらず組合員の議決権が一人１票という頭数において平等であるという点に求めることができます。なお、総代会は任意の機関であり、総代会を置いた場合でも、これによって総会が必要機関でなくなるということはありません。

　この総代会制度は、戦前の産業組合法においても認められていたもので、制定当初の農協法のもとでは、正組合員が1,000人以上の組合に限り認められ、総代の定数もその５分の１の200人以上でなければならない制度としてスタートしています。その後の改正により、現行法のもとでは、正組合員が500人以上の組合において、総代の定数も最低で100人以上で設置することが認

められていることに加え、実質的な審議を可能にするために、正組合員の総数が2,500人を超える組合にあっては、総代の数は500人以上であればよいように改められています。

　なお、総代会の構成員としての総代の地位をどのように解すべきかは問題です。少なくとも組合との関係では、役員と同様な委任関係にあると認めることはできないばかりでなく、組合員との関係においても委任関係を認めることは困難です。総代の権利は組合員の権利から直接派生するもので、総代の地位に就くことで総代として組合員とは異なる新たな権利義務が生じることはありませんので、総代会を設置した組合における総代以外の正組合員の権利は、総代を選出することで結果としてその正組合員としての議決権等の権利の行使に制限が加わるという関係において理解されるべきでしょう。

　総代会には総会に関する規定が準用され（法48条7項本文）、議決権および選挙権の行使に関する規定もこれに含まれますが、総代の代理人資格は他の正組合員に限られ、また1人の代理人が代理できる総代の数は1人に限られています（同条後段）。そして、その権限については、総代を選挙する権能を有しないこと（同条8項）を除き、総会と同一の権限を有します。ただし、組合の組織変更、組合の解散および合併ならびに組合の新設分割ならびに農業協同組合連合会の権利義務の包括承継については、特別議決の方法により決議することはできますが、その決議は直ちには組合の意思とならず、当該決議の日から10日以内に正組合員に当該決議の内容を通知しなければならないこととされています（法48条の2第1項）。なお、この場合、当該決議のあった日から1か月以内に、正組合員が総正組合員の5分の1（これを下回る割合を定款で定めた場合には、その割合）以上の同意を得て、会議の目的である事項および招集の理由を記載した書面を理事会（経営管理委員設置組合にあっては、経営管理委員会）に提出して総会の招集を請求したときは、その請求のあった日から3週間以内に総会を開催しなければならず、当該総会において通知のあった事項を承認しなかったときは、当該事項につい

ての総代会の決議はその効力を失うこととされています（法48条の2第2項
〜5項）。したがって、組合の解散および合併等の総代会の決議は、少なく
とも総代会議決の日から1か月間は、組合の意思としては確定しないことに
なります。

　前述のように、総代会が設置されても機関たる総会が消滅するわけではあ
りません。総代会は任意機関であり、かつ、その権能が組合の意思の決定に
限られますので、定款によって、総会の専権事項を定め、当該事項を総代会
では決議することができないようにすることも可能です。なお、定款で、総
代会でも決議することができるとされた事項を決議する目的で総会を開くこ
とができるかどうかについては説が分かれますが、総代会制を認めた趣旨か
ら、組合員から総会の開催の請求があった場合を除き、招集権者の恣意性を
排除する観点から、総会を開くことは原則としてできないと解すべきでしょ
う。

VI

農協の役員等

1 理事とは

✿ 農協法では、理事、経営管理委員および監事を「役員」といっています（法30条1項、30条の2第1項）。組合と役員との法的関係は、委任関係であり（法30条の3）、したがって理事は組合から委任された職務を「善良な管理者の注意」をもって遂行しなければならない義務を負います（民法644条）。

✿ 理事の定数は5人以上で、総会（または総代会）において選任、もしくは選挙によって選出され、または農業協同組合の理事にあっては総会外の選挙により選出することができます（法30条2・4・10項、法48条6・7項）。ただし、経営管理委員設置組合の理事の定数は3人以上で、経営管理委員会が選任します（法30条の2第5・6項）。

✿ 理事の任期は、3年以内において定款で定めたところによります（法31条1項本文）。ただし、定款によって、その任期を任期中の最終の事業年度に関する通常総会の終結の時まで伸長することができますので、その場合には任期が3年を超えることがあります。

なお、設立当時の役員の任期は、1年以内の期間で創立総会（合併または新設分割による設立の場合にあっては設立委員）が定めることとされ、その決議によって、その任期を任期中の最終の事業年度に関する通常総会の終結の時まで伸長することができることになっています（同条2・3項）。

解 説

理事は、平たくいえば経営者ですが、平成4年改正後の農協法のもとでは、理事会制度が採用されており、理事は、理事会の構成員に過ぎないという制度になっています。理事が業務執行を行ったり組合を代表したりするには、

理事会からそのような地位を与えられる必要がありますので、業務執行権や代表権を付与されていない理事の職務は、理事会の構成員として、業務執行に関する意思決定と理事の職務執行を監督する理事会の職務を遂行することになります。

　組合と委任関係にある理事は、組合から委任された職務を「善良な管理者の注意」をもって遂行しなければならない義務を負う、すなわち理事会の構成員として、組合の業務執行の決定および理事の職務執行を監督するという理事会の職務を、「善良な管理者の注意」をもって遂行しなければならない義務を負うことを意味します。

　なお、組合の関係が委任関係であることから、理事は特約がなければ報酬請求権はありませんが、その職務を遂行するうえで必要な費用（出張旅費等）の前払請求権（民法649条）、理事個人が負担した職務執行上の費用の償還請求権（同650条１項）、理事個人が職務執行のために自分に過失なくして損害を被った場合の損害賠償請求権（同条３項）などの権利を有することになります。

　理事の定数は５人以上（経営管理委員設置組合にあっては３人以上）ですが、貯金または定期積金の受入れの事業を行う組合にあっては、役員として、信用事業を担当する専任の理事１人以上を含めて常勤の理事３人以上を置かなければならないことになっています（法30条３項）。

　また、農業協同組合の理事の過半数は、原則として、農業経営基盤強化促進法にいう認定農業者（法人にあっては、その役員）または農畜産物の販売その他の当該農業協同組合が行う事業ないしは法人の経営に関し実践的な能力を有する者（以下「実践的能力者」という。）でなければならないこととなっています（法30条12項）。ただし、経営管理委員設置組合の理事は全員が実践的能力者でならないとされている一方で、農業協同組合の経営管理委員はその定数の過半数が認定農業者であることが求められています（法30条の２第４項・７項）。

理事の任期は、設立当時の理事の任期は１年、その後の理事の任期は３年をそれぞれ超えることができないのが原則ですが、例外として、定款（設立時の役員については、創立総会の決議）で定めれば、この原則に従って定められた本来の任期中の最終の決算期に関する通常総会の終結に至るまで、その任期を伸長することができますので、理事の選出の方法として選任制を採っている組合においては、理事の任期を「就任後３年内の決算期に関する通常総会の終結する時まで」としているのが通例です。これによると、各回の理事の任期が、場合によっては３年に満たない場合も生じますが、法律上、理事の任期は「３年以内において定款で定める」（法31条１項）とされていますので、３年より短いのは差し支えなく、また、場合によっては３年を超えることもありますが、それは農協法31条１項ただし書の規定の範囲内ですので、これも差し支えないことになります。

　この任期伸長規定の趣旨は、当該事業年度末まで組合の業務の執行を担当した理事に、その職務の執行の結果を報告させ、それに対する組合員等の質問に答弁させる機会を与えるのが適当であることと、定款に定める理事の選出方法によって、その通常総会で後任の理事を選出することができるようにとの便宜を考慮したものです。この任期伸長制度は、任期の末日が事業年度の末日からその決算期に関する通常総会の会日までの間に到来する場合に適用されますが、定款に通常総会を開催すべき期限の定めがある場合において、その期限内に通常総会が開催されなかったときは、その期限が任期の終期となると解されています。

2 理事になれるのはだれか

※　理事は、組合員の意向によって選出されるとはいっても、農協法はいくつかの制約を置いています。

（1）組合の理事の定数の少なくとも3分の2は、農業協同組合にあっては、その正組合員（法人にあっては、その役員）、農業協同組合連合会にあっては、その正会員たる農業協同組合の正組合員またはその正会員たる連合会の正会員たる農業協同組合の正組合員でなければなりません（法30条11項）。ただし、設立当時の理事は、農業協同組合の場合にあっては、設立の同意を申し出た農業者（法人にあつては、その役員）、連合会にあっては設立の同意を申し出た農業協同組合の正組合員（法人にあつては、その役員）でなければなりません。

　なお、経営管理委員設置組合の理事に関しては、かかる制限は課されていません（法30条の2第8項）が、別途次の（2）に述べる要件が課されています。

（2）以上の要件に加え、平成27年の法律改正は、農業協同組合の理事の定数の過半数は、原則として、①農業経営基盤強化促進法第13条第1項に規定する認定農業者（法人にあつては、その役員）であるか、②農畜産物の販売その他の当該農業協同組合が行う事業または法人の経営に関し実践的な能力を有する者のいずれかでなければならないとする要件を追加しています（法30条12項）。

　なお、これにかかわらず、経営管理委員設置組合の理事については、その全員が農畜産物の販売その他の当該農業協同組合が行う事業または法人の経営に関し実践的な能力を有する者でなければならない（法30条の2第7項）とされる一方、農業協同組合の経営管理委員については、原則として、その過半が認定農業者でなければならないこととされています（法30

条の2第4項）。

（3）以上の積極的資格に対し消極的資格に関する定めがあり、①法人、②心身の故障のため職務を適正に執行することができない者として農林水産省令で定める者（具体的には、精神の機能の障害のため紛争解決等業務を適正に行うに当たって必要な認知、判断及び意思疎通を適切に行うことができない者）、③農協法、会社法もしくは一般社団法人及び一般財団法人に関する法律の規定に違反し、または民事再生法もしくは破産法に定める一定の罪を犯し、刑に処せられ、その執行を終り、または執行を受けることがなくなった日から2年を経過しない者、および④これらの法律の規定以外の法令の規定に違反し、禁錮以上の刑に処せられ、その執行を終るまでまたはその執行を受けることがなくなるまでの者（執行猶予中の者は除く）は、理事の資格に欠けるものとして組合の理事になれません（法30条の4第1項）。

　以上は、すべての組合の理事の欠格事由ですが、①信用事業または共済事業を行う組合にあっては、破産手続開始の決定を受け復権しない者、②信用事業を行う組合にあっては、金融商品取引法に定める一定の罪を犯し、刑に処せられ、その執行を終り、またはその執行を受けることがなくなった日から2年を経過しない者も、それぞれの組合の理事になる資格はありません（同条2項）。

解 説

　理事には、法定の欠格事由のある者がなれないのは当然ですが、農協法は、理事の一定数およびその全部が農業協同組合の正組合員である農業者（法人にあっては、その役員）でなければならないと、その積極的資格についての定めを置いています（法30条11項）。これは、公開会社が定款をもってしても取締役の資格を株主に限定することができないとする会社法（331条2項）

とは対照的な協同組合の特質からくる特徴の一つです。

　これは、組合の事業の性格に照らし組合員自らが経営に従事することが望ましいという考えを前提にしたもので、とくにその考え方は組合設立時の理事の資格要件において徹底しています。経営管理委員設置組合にあっては、かかる積極的資格に関する定めは経営管理委員を対象にすることで、理事については格別の制約が課されていません（法30条の２第８項）。ただし、平成27年の改正で、（２）で述べたように別途新たな要件が付加されましたので留意が必要です。

　なお、理事が任期途中で正組合員資格を失い、その結果、正組合員たる農業者が法律上必要とされる所定の割合を欠くに至ったとしても、直ちにその者の理事たる地位が喪失することになるかというとそうではないと解さざるをえない点で、積極的資格要件については消極的資格要件の場合とは少し異なっています。これは、任期中に認定農業者であった者が認定農業者でなくなったような場合についても同様です。

　ところで、理事はその性質上、自然人でなければならないと解されていますが、理事の資格に関しては、法律で定める資格要件のほかに、それぞれの組合の定款で、未成年者その他農協法の趣旨に反しない合理的な範囲で欠格事由を定めることは可能です。いずれの場合にも、就任後に欠格事由に該当するに至った場合には、その時に理事の地位が消滅することになりますが、定款に定めた欠格事由に該当するにすぎない場合には、その欠格者を選任した総会の決議は、決議の内容が定款に違反するものとして決議取消の対象となりますが、直ちに無効にはならず、その欠格者が理事に就任した場合には、定款違反としてその改選請求事由および義務違反としての効果が生ずるにとどまると解されます。

　さらに、同一人が、同一組合の理事と経営管理委員および監事とを相兼ねることはできませんが（法30条の５第２項・３項）、この兼任禁止の規定は、就任資格を定めたものではありません。監事は、理事および経営管理委員の

職務の執行を監査することを固有の職務とする関係で、監事が理事または経営管理委員を兼ねることは、監事という独立の監査機関を必要機関とすることと実質的に矛盾することになること、理事と経営管理委員との兼任の禁止は、現行の理事会とは独立した業務執行機関として経営管理委員会を設けることとしたこと、および経営管理委員の資格を限定する一方、理事の積極的資格に関しては格別の制限をしなかったこととの関係で設けられたもので、そうでなければ、業務執行機関を理事会と経営管理委員会に分けたことの意義がなくなるためであると考えられます。この禁止規定に違反した場合には、違反した理事に対して過料の制裁（法101条１項31号）があるほか、その理事の任務懈怠による責任の原因となり、また、その役員だけを対象とする役員改選または解任請求の事由および組合に対する行政庁の必要措置命令の原因となります。

3 理事はどういう場合に退任するか

　理事がその地位を去ることとなる退任事由には、次のようなものがあります。

1　任期の満了

　これは契約に共通する終了原因であり、理事は、任期満了により当然に退任することになります。

2　辞任

　理事と組合との関係は、委任関係ですので（法30条の３）、理事はいつでも辞任することができ（民法651条）、辞任の意思表示が組合に到達することにより当然に退任します。

3　委任の法定終了事由

　理事と組合との関係は、委任関係のため、委任の法定終了事由（民法653条）によって当然に退任となります。すなわち、理事が死亡し、破産手続開始の決定を受けたとき、または後見開始の審判を受けたときです。

4　解任

　正組合員は正組合員総数の５分の１（これを下回る割合を定款で定めた場合にあっては、その割合）以上の連署をもって、その代表者から理事の改選（経営管理委員設置組合にあっては、解任）の請求をすることができます（法38条１項・２項）。組合員からの適法な請求があり、その請求対象の理事に対し総会において弁明する機会を提供した上で、その総会において出席者の過半数の同意があったときは、その請求に係る役員は、その時にその職を失

うこととされています。

5　資格の喪失
●■■■━━━━━━━━━━━━━━━━━━━━━━━━━━━

　理事が、法令（法30条の４）または定款に定める理事の資格を失い、または法令・定款に定める欠格事由に該当するに至ったときは、「資格」の性質上、その時に当然に退任することになります。

6　組合の解散
●■■■━━━━━━━━━━━━━━━━━━━━━━━━━━━

　組合が解散し消滅すれば、理事が退任するのはいうまでもありませんが、理事は、組合が解散後清算の目的の範囲内においてなお存続する場合においても、解散によって当然に退任し、それ以後の事務は理事に代わって清算人が行うことになります（法71条）。

解　説

　理事は、①任期の満了、②辞任、③委任の法定終了事由の発生、④解任、⑤資格の喪失および⑥組合の解散により、理事たる地位を失い退任することになります。

　辞任とは、理事からの解除権（民法651条１項）の行使であり、理事はいつでも辞任することができ、辞任の意思表示が組合に到達した時点で退任の効力が生じます。なお、意思表示に条件を付すことは可能で、将来の一定の時をもって辞任する旨の意思表示も有効です。また、理事が代表理事に処置を一任して辞表を提出した場合には、辞任の効果は代表理事がその決定をした時に発生することになります。

　辞任は、その理由が何であるかにかかわらず、一方的な意思表示により可能ですが、組合にとって不利な時期に辞任した場合には、病気等やむをえない事由があるときを除き、辞任したことにより生じた組合の損害を賠償しな

ければなりません（同条2項）。

　組合と理事との関係は委任関係にあるため、委任の法定終了事由が生ずればその事由が生じた時に退任となります。なお、信用事業または共済事業を行う組合の理事以外の理事については、破産手続開始の決定を受けて復権を得ない者を理事の欠格事由としていません（法30条の4）。したがって、この者を理事に選出することは可能で、選出された者は理事に就任することができますが、すでに組合の理事となっている者が任期中に破産手続開始の決定を受けたときには理事の地位を失うことになります。

　解任ですが、委任関係からすると組合側からの一方的な意思表示によっても解任できそうですが、農協法はとくに理事を解任（改選）する場合の手続を定めていることから、農協法38条の所定の手続によらなければ解任できないと解されています。

　「改選」とは、従来の役員の解職の効果をともなう新たな役員の選出の意味です。経営管理委員を置く場合における理事の選任権は経営管理委員会にあるため、その場合には「解任」として、「改選」と使い分けられています。なお、任期途中における改選は、組合員の請求に基づく場合以外に、行政庁の役員改選命令（法95条2項）に基づいて行われる場合がありますが、これによる改選の手続は当該命令の内容に従って行うことになります。

　資格の喪失に関し問題となるのは、任期途中において正組合員たる理事が正組合員（正組合員たる法人の役員）たる地位を失ったときに、役員たる地位をも喪失するかということです。これについては、設立当初の理事は、その全員が正組合員でなければならないのでそのように解すべきですが、その後の理事の一定数は組合員資格を要件とはしていないことと、各理事の地位は組合員資格を前提としたものではないので、任期途中で組合員たる資格を喪失しても当然に理事たる地位を失うことにはならないと解されます。この結果、正組合員以外の理事が農協法が許容する限度を超えることがありますが、やむをえないでしょう。といっても、違法状態であることは免れないの

で、速やかな改善が求められますが、その場合には当該理事が辞任し新たに後任の理事を選任する、もしくは理事全員が自発的に辞任するか、役員改選請求に基づく改選の手続による、または行政庁による改選命令に基づく措置を講ずるといったこと以外にはないでしょう。

　このことは、平成27年の法律改正により理事の過半が農業経営基盤強化促進法に規定する認定農業者等でなければならないという場合に、任期の途中で認定農業者等でなくなったときの当該理事についても同様です。

　組合の解散によって理事は当然に退任することになります。なお、組合が合併、農業協同組合連合会の権利義務の包括承継、破産手続開始の決定、貯金等の受入れまたは共済事業を行う組合が行政庁の解散命令によって解散した場合、および総会において他人を清算人に選任した場合を除いては、その解散によって理事を退任した者が当然に清算人となって清算事務を執行することとされています（法71条）。

4 理事会とはどのような機関か

⊛　組合の業務執行は、各理事ではなく、代表理事や理事会によって業務
執行の権限を与えられた理事が行うことになります。そこで、農協法は「理
事会は、組合の業務執行を決し、理事の職務の執行を監督する」（法32条
3項）と、理事会の権限に関する一般的な規定を置いています。

　理事会は、理事の全員をもって構成する組合の業務執行の決定と理事の
職務の執行を監督する必要常設の機関ということになります（法32条2項・
3項）。

　なお、監事は理事会に出席し、必要と認めたときは意見を述べなければ
ならないとされており（法35条の5第5項→会社法383条1項）、したがっ
て、理事会の招集通知は監事に対してもしなければなりませんが（法33条
6項→会社法368条1項）、これによって監事は理事会の構成員となるわけ
ではなく、理事会の決議に加わることができないことはいうまでもありま
せん。

⊛　理事会は、組合の業務執行の決定と理事の業務執行の監督、それと表
裏一体の代表理事等の選・解任（法35条の3第1項）を行う機関です。理
事会は業務執行の決定の一部を理事に委任することは可能ですが、法律は、
理事会において決定すべき専権事項を定めています。

　農協法が定める理事会の専権事項は、①共済計理人の選任（法11条の39
第1項）、②必要な場合における経営管理委員会の招集（法34条5項）、③
理事と組合間との利益相反取引の承認（法35条の2第2項）、④代表理事
の選任（法35条の3第1項）、⑤計算書類等の承認（法36条6項）、⑥部門
別損益計算の承認（法37条2項）、⑦参事および会計主任の選任・解任
（正組合員による参事または会計主任解任請求権の行使による参事または
会計主任の解任請求があったときの解任の可否の決定を含む）（法42条2項、

43条3項)、⑧総会の招集の決定（正組合員の総会招集請求権の行使による総会または総代会の請求があったときの臨時総会または臨時総代会の招集の決定を含む）（法43条の3第2項、43条の5第2項）、⑨信用事業の簡易譲受手続における信用事業の全部または一部の譲受け（法50条の3第1項）、⑩簡易合併手続における合併契約の承認（法65条の2第1項）および⑪簡易新設分割手続による新設分割計画の承認（法70条の4第1項）です。ただし、これらの事項のうち、③、④、⑨〜⑪の事項については、経営管理委員設置組合にあっては経営管理委員会が決すべきこととされており（法35条の2第2項、35条の3第1項、50条の3第1項、65条の2第1項、70条の4第1項）、また⑤および⑥の事項は、理事会と経営管理委員会双方の承認決議を要します（法36条6項、37条2項）。なお、これらは法律により理事会の決議を要すべきこととされている事項ですが、組合はこれ以外の事項についても定款または規約をもって理事会の決議を要すべき事項を定めることができ、この場合には、それらの事項についても理事会の決議を経なければならないことになります。

次に、理事会の監督権限ですが、理事会が監督すべき対象となるのは理事の職務の執行ですので、その中心となるのは業務の執行を担う代表理事等の職務執行ですが、業務執行を担当しない理事の職務についても、理事会を通じて理事は監視する義務があるといえます。

解 説

理事会の業務執行に関する権限は、その時点での組織・経営構造を前提に、組合（組合員）から委任されたものですので、定款の変更、組合の合併や新設分割（例外あり）、組織変更、組合の解散などのような組合または事業活動の前提となる基礎に関する事項は含まれません。また、業務執行に関する事項であっても、法律・定款または規約によって総会（または総代会）の権

限に留保されている事項も同様です。それ以外の業務執行に関する事項は、すべて理事会の権限の範囲内に属することになりますが、株式会社（取締会設置会社に限る）とは異なり、総会（または総代会）は定款をもって理事会その他の機関に委任したものを除き、組合の事務のすべてについて決定することができると解されており（会社法295条２項のような規定はない）、その限りにおいては理事会の業務執行に関する権限も制約を受けることになります。

　理事会は、会議体の機関ですので、具体的な業務執行は、理事会において選任する代表理事や業務執行理事によって担われることになります。ここで「業務執行理事」というのは、法律上の用語ではなく、代表理事以外で理事会によって業務執行権を与えられた理事をいいます。理事会による理事の職務執行の監督とは、最終的には業務執行を遂行する代表理事やその他の業務執行権を与えられた理事が、法令・定款・諸規程、総会決議ならびに経営管理委員会および理事会の決議を遵守し、組合の最善の利益（その背後にある組合員全体の最善の利益）となるよう適切に業務執行を行っているかどうかを監視・監督することであり、必要によっては代表理事等を解任することです。

　ところで、理事会の監督権は代表理事等の選・解任権をもって裏付けられることになりますが、理事会（経営管理委員設置組合にあっては経営管理委員会）が代表理事を選任すべきとする規定はあるものの（法35条の３第１項）、解任に関する明文の規定はありません。しかし、理事の選任や解任というのは業務執行に関する意思決定の一つであり、解任を制限する明文がなければ選任権を有するものは解任権をもつのは当然で、かつ、理事の職務執行を監督する必要上も解任権を有すると解されています。

　なお、業務の執行は、法律上は、業務執行機関である代表理事がその職務として行うことが想定されていますが、実際上は、理事会の決議に基づき対内的な業務執行を担当する理事を選任して、代表理事の統括のもとに組合の業務執行を行うのが通例です。また、具体的な組合の業務執行は、代表理事および業務執行を担当する理事のみで行われるわけではなく、それらは代表

理事等の職務の執行として従業員を使って行われることになります。そのため、代表理事等の業務執行の監督は、業務監査の一環として、従業員を含めた組合業務の全体を監督することになります。

　したがって、その対象は理事会に上程された事項には限られませんが、理事会は会議体の性質上、個々の職務執行を直接的に監視することは実際上は不可能であり、理事会で基本方針等を決定し、組合の業務がそれに従ってなされているか否かを監視することによって行われることになります。したがってまた、規模が大きな組合においては、全従業員による業務執行のすべてを理事会が直接監視することはできませんので、適切な業務執行の確保がされるようリスク管理体制および法令遵守の体制（内部統制システム）を構築し、これを維持することによって、業務執行の監視が確実なものとなるようにするのも理事会の監督義務の一つといえます。

5 理事会の招集のしかた

✳　理事会は会議体の機関ですので、その権限を行使するには会議を開かなければなりません。そのためには、一定の招集権者が一定の手続によって招集することが必要であり、かかる招集によらない理事会は、原則として適法な理事会とはいえず、そこでの決議は理事会の決議とは認められないことになります。

✳　理事会の招集権者は、原則として各理事です（法33条6項→会社法366条1項本文）。ただし、定款または理事会の決議をもって招集権者を特定の理事に限定することは差し支えなく（法33条6項→会社法366条1項ただし書）、実際上も、定款により組合長等を招集権者としている例が一般的です。

　また、定款または理事会の決議をもって招集権者を特定している場合であっても、他の理事は会議の目的である事項（議題）を示して、理事会の招集を請求することができ、かかる場合において招集権者からその請求のあった日から5日以内に、その請求の日から2週間以内の日を理事会の日とする理事会の招集の通知が発せられない場合には、その招集を請求した理事が自ら理事会を招集することができることとされています（法33条6項→会社法366条2項・3項）。

　同様に、監事は、理事が不正の行為をし、もしくは当該行為をするおそれがあると認めるとき、または法令もしくは定款に違反する事実もしくは著しく不当な事実があると認めるときは、遅滞なく、その旨を理事会（経営管理委員設置組合にあっては、理事会および経営管理委員会）に報告する義務があり（法35条の5第3項）、この場合において必要があると認めるときは、監事は理事会の招集を請求することができ、その請求の日から2週間以内の日を理事会の日とする理事会の招集の通知が発せられない場

合には、その招集を請求した監事が自ら理事会を招集することができることとされています（法35条の５第５項→会社法383条２項・３項）。したがって、この場合には監事が招集権者になります。

✳ 招集手続は、理事会の日から１週間前までに各理事および各監事に対してその通知を発することが必要ですが、定款でこの期間を合理的に短縮することができます（法33条６項→会社法368条１項、ただし、合理的範囲を超えてまで短縮することは不可）。

　　招集の通知の方法には、総会とは異なり、格別の制限はなく、書面によることも口頭によることもできます。通知に際しては会議の日時および場所を示すべきは当然ですが、総会の場合のように、法律上、会議の目的である事項を掲げる必要はありません。

　　理事会の開催につき上述のような招集手続を必要とするのは、すべての理事と監事に対して、理事会への出席の機会を確保するためですので、理事と監事の全員の同意があるときは、招集手続を経ないで理事会を開催することができます（法33条６項→会社法368条２項）。

解 説

　　理事会の招集手続は、総会の場合に比べ簡素になっています。これは、総会の場合には、組合員が総会に出席することは義務ではないことを前提に、多数の組合員に平等に総会への出席機会を与える必要があるのに対し、理事会の構成員である理事は、組合の経営に参画しており、理事会に出席することはその職務上の義務だからです。また、これは理事会の構成員は総会の場合に比べごく少数であり、かつ、機動的な運営が求められるためでもあります。そのため、招集のための通知の期間も短期間であるほか、招集の方法についても特段の制約はなく、通知は書面でも口頭でもよく、また目的である事項も示す必要はありません。これは、理事会は組合のために忠実に職務を

遂行すべき理事によって構成される会議体ですので、個々の理事としては、現在の組合の状況においてどのような事項が審議されるべきかを当然知っておくべきであるし、またその職務上、組合の状況さらには審議の状況如何によっては、臨機に協議ないし付議すべき事項が生ずるからです。

　なお、招集に当っては目的である事項を示す必要はありませんが、とくに会議の目的である事項を通知した場合にも、その理事会において決議できる事項はその通知をした事項のみに限らず、それ以外の組合の当面の業務に関し必要な事項についても随時審議・決定することができると解すべきです。

　ただし、特定された招集権者以外の理事が理事会の招集を請求するには、目的である事項を示して請求をすることとされており、この招集請求に基づく理事会においては、その請求に係る書面に記載した目的である事項に代えて別の議題を提出することはできません。そうでなければ理事会の開催請求に際し、理事会の目的である事項を示すことを要求する法律の意味が失われることになるからですが、その議題のほかに他の事項を提案し、理事会がこれにつき決議することは、招集通知から反対に解すべき場合を除き、差し支えないと解されます。

　招集の通知は、理事および監事の全員に対して発することを要し、したがって、決議に特別利害関係を有するため議決権を行使することができない理事に対しても、通知をすることが必要です。一部の者に対する招集通知の漏れがあったため、その理事または監事が出席しなかったときは、その理事会の決議は原則として無効となります。ただし、招集通知の漏れがあっても、当該理事または監事が出席し、かつ、異議を述べなかった場合にはこの招集手続の瑕疵は治癒され、決議の効力には影響がないと解されています。これに反し、招集通知を受けなかったために欠席した理事または監事が、後日その決議に同意したとしても、その決議の瑕疵が治癒されることにはなりません。

　ところで、経営管理委員設置組合にあっては、監事の中からとくに理事会

に出席する監事を定めることができることとされていますが（法35条の5第5項→会社法383条1項ただし書）、その場合であっても招集の通知は監事の全員に対して行わなければなりません。

　あらかじめ理事と監事の全員の同意があるときは、招集手続を経ないで理事会を開催することができますが（法33条6項→会社法368条2項）、理事および監事の全員が会合し、かつ組合の業務執行に関する事項につき理事の全員が協議決定したときは、とくに招集手続を経ないで開く旨の事前の同意はなくとも、適法な理事会の決議があったものとして認めることができます。これは、理事・監事全員が会合し異議なく理事会の権限の範囲内の事項につき協議決定する以上、全員出席の理事会として、招集手続の省略の有無を問題にする必要がないからです。

理事会の議事と決議の要件

　理事会の議事については、決議成立の要件（法33条1項）、決議に特別利害関係を有する理事は議決に加われないこと（同条2項）、それに理事会の議事については議事録を作成すべきこと（同条3項）を除いては、特別の定めがありません。

1　理事会の決議要件

　理事会の決議は、議決に加わることができる理事の過半数（これを上回る割合を定款で定めた場合には、その割合）が出席して（定足数）、その出席理事の過半数（これを上回る割合を定款で定めた場合には、その割合）をもって行われます（同条1項）。総会の場合と異なり、決議事項により普通決議と特別決議といった区別はありません。なお、この決議の要件を加重することは可能ですが緩和することは許されません。

　理事会の決議につき特別の利害関係を有する理事は、決議に参加することができません（同条2項）。したがって、理事会に出席していたとしても定足数の計算上は出席者には含まれないことになります。

2　議事録

　理事会の議事については、総会と同じように、議事録を作成（電磁的記録によることも可）しなければなりません（法33条3項）。議事録には出席した理事および監事が署名（議事録が電磁的記録をもって作成されている場合には、電子署名）または記名押印しなければなりません（同項）。なお、理事会の決議に参加した理事で議事録に異議をとどめない者は決議に賛成したものと推定されます（同条5項）

　理事（代表理事）は、理事会の議事録を10年間主たる事務所に、またその

写しを５年間従たる事務所に備え置くことを要し、組合員はその閲覧または謄写を求めることができることとされています（法35条２項・３項）。組合の債権者にもこの権利が認められますが、債権者にあっては、役員の責任を追及するために必要がある場合であって、裁判所の許可が必要となります（同条４項）。この場合、裁判所は、その閲覧または謄写をすることにより組合またはその子会社に著しい損害を及ぼすおそれがあると認めるときは、これを許可してはならないこととされています（同条５項）。

　理事会制度の狙いは、理事の協議と意見を交換することによりその知識と経験を結集することにあります。したがって、理事は自ら理事会に出席して決議に加わることを要し、他の理事を代理人とする場合であっても、代理人により議決権を行使することはできません。なお、理事の議決権についても明文はありませんが、理事は、その個人として信任を受けている者ですから、その議決権の数は頭数により１個であるのは当然です。

　平成17年の会社法は、それまで書面による決議や持回りによる決議の方法は認めていませんでしたが、定款で定めれば、議決に加わることができる取締役全員が書面または電子的方法で議案である提案に同意する意思表示をした場合（監事がその提案について異議を述べたときを除く）には、その提案を可決した取締役会決議があったものとみなすこととし、取締役会の開催を省略することを認めました。商法の会社に関する規定を準用していた多くの協同組合法も会社法にならって理事会決議の省略を認める制度を導入しました。株式会社等と異なり、協同組合の場合に、理事会の開催が困難となるような新たな事情が生じたとは考えられず、農協法においてはかかる制度の導入は行われていません。協同組合の民主的運営の原則に照らし正当というべきでしょう。

　理事会の決議につき特別の利害関係を有する理事は、決議に参加することができません（法33条２項）。これは、理事は組合との間に委任関係に立ち、組合に対して忠実義務を負っている関係で自己の利益を離れてその権限を行使すべきということになりますが、特別利害関係がある場合には公正な行動が期待しえないということによるものです。特別利害関係を有する理事は、たとえ理事会に出席していたとしても、議決権を行使することはできず、理事会の決議要件との関係では定足数算定の基礎の数にも算入されません（同条１項）。理事と組合との間の取引の承認（法35条の２第２項）における当該理事がこれに該当することについては、異論はなく、代表理事の解任などについては見解が分かれますが、代表理事の解任の決議における当該代表理事は特別利害関係にあたると一般に解されています。

　理事会の議事については、農林水産省令で定めるところに従い、議事録を作成し、議事録には出席した理事および監事が署名または記名押印しなければなりません（同条３項）。なお、議事録が電磁的記録をもって作成されている場合には、出席した理事および監事の署名は電子署名（電子署名及び認証業務に関する法律２条１項の「電子署名」）によることになります（同条４項）。議事録は証拠のためのものにすぎませんが、理事会の決議に参加した理事で議事録に異議をとどめない者は決議に賛成したものと推定される結果（同条５項）、理事会の議事録は理事の責任の追及につき重要な意義を有することになります。したがって、議事録の作成にあたっては、理事の責任に関する事項については、その責任が明らかになるようできるだけ具体的に記載することが必要でしょう。

　理事会の議事録は、所定の期間組合の事務所に備え置かれ、組合員その他利害関係人の閲覧等に供されることになりますが、理事会の議事録を備え置かず、または正当な理由がなくその閲覧または謄写の請求を拒んだときには、過料の制裁が課されます（法101条１項14号・15号）。

7 代表理事とは

❋ 組合の業務執行を行い、体外的に組合を代表する常設の機関が代表理事です（法35条の３）。代表理事は、理事会（経営管理委員設置組合にあっては、経営管理委員会）の決議をもって理事の中から選任されます（同条１項）。したがって、代表理事は理事会の構成員でもあり、理事会の意思決定と理事会の監督のもとに業務執行を担うことになります（法32条３項、35条の２第１項）。

❋ 代表理事の員数には法律上特別の制限はなく、定款に別段の定めがない限り、１人以上において、理事会が選任にあたり適宜定めて差し支えありません。なお、実際上は、定款の規定に基づき、理事会で、組合長、専務理事、常務理事などの名称の、いわゆる役付理事を選任し、これらの者の一部または全部を代表理事とするのが通例です。

❋ 代表理事を選任したときは、その氏名および住所を登記しなければなりません（登記令２条２項４号）。代表理事が終任となったときには、その登記をすることを要し（同３条１項）、その登記の後でなければ、組合はその終任をもって善意の第三者に対抗することはできません（法９条２項）。

❋ 代表理事については、法律上、任期の定めがありません。代表理事は、理事であることが資格要件ですので、定款または選任決議をもってとくに代表理事の任期を定めないときには、原則として、理事の任期と同じくなります。

　したがって、また理事の終任事由は、当然に代表理事の終任事由となります。

　なお、代表理事に固有な終任事由として、代表理事の辞任および解任がありますが、代表理事の辞任または解任は、これにより同時に理事たる地位まで失うことにはなりません。

㊟　代表理事の終任により、法律または定款の定めたその員数を欠くに至ったときは、任期の満了または辞任によって退任した代表理事は、後任者が就職するまでなお代表理事としての権利義務を有することとされています（法39条）。

　理事会は会議体の機関ですので、その決定したところを自ら実行するには適さないのみならず、業務執行の決定であっても、その細目にわたり、または組合事業の通常の経過（常務）についてまでもいちいち自ら行い難いため、理事会の決定を執行し、また常務について専決執行するところの機関を必要とします。それが代表理事であって、組合は、理事会（経営管理委員設置組合にあっては、経営管理委員会）の決議をもって代表理事を定めなければならないことになっています（法35条の３第１項）。代表というのは、業務執行機関が組合の名前で第三者との間でした行為の効果が組合に帰属するという対外的な面からみたものであり、対内的にみれば常に業務執行にほかなりません。したがって、定款をもって総会、理事会（経営管理委員設置組合にあっては、理事会および経営管理委員会）において決すべき事項とされている事項を除き、業務執行の意思決定権も代表理事の権限であると解すべきことになります。

　代表理事の員数には法律上の制限はないので、定款に別段の定めがない限り、１人以上何人でも差し支えありません。通常は、理事の一部を代表理事にしますが、理事全員を代表理事に選任しても違法ではないと一般に解されています。ただし、業務執行機関を理事会と代表理事に分け、理事会をして代表理事の職務執行を監督させようとする制度の趣旨に照らし、適切ではありません。なお、実際上は、定款の規定に基づき、理事会で、組合長、専務理事、常務理事などの名称の、いわゆる役付理事を選任し、これらの者の一

部または全部を代表理事とするのが通例ですが、この役付理事と代表理事とは観念上まったく別のものです。法律上は、代表理事を選任すれば足り、これらの名称の理事を置く必要はなく、また、これらの名称を付した理事を代表理事とする必要もありません。

ところで、代表理事就任の前提には、組合と理事との間の就任契約がすでに存在することになりますが、その就任契約自体には代表理事就任の合意までは含んでおらず、代表理事の権利義務は代表理事に選任されてはじめて生ずるもので、責任も加重されることになるので、代表理事の就任については、当事者の合意を必要とし、代表理事の選任は、被選任者の承諾によりその効力を生ずることになります。なお、旧有限会社法をベースに制定された現行会社法のもとではこのような解釈はされていないようですが、これは会社法のもとでは取締役が原則として各自会社を代表することとされている（会社法348条、349条）ことによるものです。

代表理事は、理事たる地位を前提としていますので、前述のように、理事の終任は当然に代表理事の終任となります。したがって、理事の任期満了にともなってその者が理事に再選されても、あらためて理事会において代表理事に選任されないかぎり、代表理事とならないことはいうまでもありません。

また、代表理事はいつでもその地位を辞任することができ、また理事会（経営管理委員設置組合にあっては、経営管理委員会）はいつでもその決議をもって代表理事を解任することができます（民法651条、111条2項）。ただし、やむをえない事由がある場合を除き、代表理事が組合のために不利益な時期に辞任したときは、これにより組合に生じた損害を賠償することを要し（民法651条2項）、また同様に、代表理事の任期の定めがある場合に、組合が正当な理由なく任期満了前に解任したときは、これによって生じた損害を賠償しなければならないものと解すべきでしょう。

なお、代表理事の辞任または解任は、これにより同時に理事たる地位まで失うものではないことはすでに述べたとおりですが、役付理事と代表理事と

は別個の観念ですので、定款をもって両者が不可分なものとされていないか
ぎり、役付理事の辞任は必ずしも代表理事の辞任とはならず、代表理事の辞
任は必ずしも役付理事の辞任とはなりません。

　理事に欠員が生じた場合、任期の満了または辞任によって退任した代表理
事は、後任者が就職するまでなお代表理事としての権利義務を有することに
なりますが、これにより代表理事として権利義務を有する者は、同時に理事
としての権利義務をも有する者でなければならないと解すべきですので、代
表理事が理事の任期満了または辞任によって理事たる資格をも欠くに至った
とき（当該理事の辞任によって理事に欠員が生じない場合）には、当然には
代表理事としての権利義務を有することにはならないことに留意が必要です。

　なお、代表理事についても、理事の場合と同様、その職務を行う者がいな
いため遅滞により損害を生ずるおそれがある場合において、組合員その他の
利害関係人の請求により、行政庁が一時代表理事の職務を行うべき者を選任
することができることとされています（法40条3項）。この仮代表理事が選
任されたときは、登記が必要となります（登記令2条2項4号）。

8 理事の義務とは

⊛　組合と理事との関係は委任です（法30条の３）ので、民法の規定に従い、理事はその職務を遂行するに際して、組合に対して善良なる管理者の注意義務（善管注意義務）を負います（民法644条）。

⊛　農協法では、さらに「理事（経営管理委員設置組合にあっては、理事及び経営管理委員。次項において同じ。）は、法令、法令に基づいてする行政庁の処分、定款等及び総会（経営管理委員設置組合にあっては、総会及び経営管理委員会）の決議を遵守し、組合のため忠実にその職務を遂行しなければならない」（法35条の２第１項）とする規定を設けています。理事の忠実義務とよばれ、これと民法の善管注意義務との関係については、議論のあるところですが、同じ趣旨の旧商法の忠実義務につき、最高裁大法廷は「民法644条に定める善管義務を敷衍し、かつ一層明確にしたにとどまり、通常の委任関係に伴う善管義務とは別個の高度な義務を規定したものではない」（最大判昭45・６・24民集24巻６号625頁）としています。

⊛　これら善管義務・忠実義務に関する一般規定に加え、農協法では、職務専念義務のほか利益相反取引の規制に関する特別の定めを置いています。

（1）職務専念義務

　農協法30条の５第１項は、貯金または定期積金の受入れの事業を行う組合の代表理事、経営管理委員設置組合の理事ならびに組合の常務に従事する役員（経営管理委員を除く）および参事は、原則として、他の組合もしくは法人の職務に従事し、または事業を営んではならない旨の定めを置いています。これは、社会経済上、重要な機能を営む金融機関の業務運営は、一般貯金者その他の取引者に広く重大な影響を及ぼすものであることから、金融の業務に携わる役員は専らその業務に従事すべきであるとの要請に基づくものです。また、金融機関の代表理事等にあっては、他の法人の職務に従事することに

より、ともすれば、一般貯金者の資金をその法人に安易に貸し付ける、いわ
ゆる情実融資の弊害を招き、その結果、金融機関の資産内容の悪化や信用失
墜を招くおそれが少なくないので、かかる弊害を予防的に防止しようとする
ものでもあるといえます。

（2）利益相反取引の規制

　理事は、次に掲げる場合には、理事会（経営管理委員設置組合にあっては、
経営管理委員会）において、当該取引につき重要な事実を開示し、その承認
を受けなければならないこととされています（法35条の2第2項）。

①　理事が自己または第三者のために組合と取引をしようとするとき。

②　組合が理事の債務を保証することその他理事以外の者との間において組
　合と当該理事との利益が相反する取引をしようとするとき。

　これらを利益相反取引といいますが、理事は、理事会（経営管理委員設置
組合にあっては、経営管理委員会）の承認を受けないで組合との理事との間
で利益相反する取引を行ってはならない義務を負うことになります。

　利益相反取引につき、このような規制をしたのは、理事がその地位を利用
して、組合の利益を犠牲にして、自己の利益を図ることを防止するためです。

　なお、事前の承認に加え、利益相反取引をした理事は、当該取引後、遅滞
なく、当該取引についての重要な事実を理事会に報告しなければならないこ
とになっています（同条4項）。

解　説

　農協法の理事の忠実義務に関する規定は、昭和29年の改正（法律184号）
で新設されたもので、民法の善管注意義務との関係については、議論のある
ところです。前述のように最高裁は、忠実義務とは善管義務を敷衍し、かつ
一層明確にしたにとどまり、通常の委任関係にともなう善管義務とは別個の
高度な義務を規定したものではないとしており、通説もそのように解してい

ます。これに対し、善管義務（duty of care または duty to exercise reason-able care and skill）とは、理事が職務執行にあたって尽くすべき注意の程度に関する義務であるのに対し、忠実義務（duty of loyalty）は、理事がその地位を利用し組合の利益を犠牲にして自己または第三者の利益を図ってはならないという義務であるとする見解が有力に主張されています。なお、善管義務と忠実義務を別個の義務であると解すべきかどうかは別として、理事がその地位を利用し組合の利益を犠牲にして自己または第三者の利益を図ってはならないという義務を忠実義務と呼ぶほうが便利です。

　農協法30条の５第１項の職務専念義務に関する規定における「他の組合若しくは法人の職務」には、法人格の異なる農業協同組合または農業協同組合連合会のほか、営利・非営利を問わず、あらゆる法人の職務のすべてが含まれます。また、「事業を営む」とは、代表理事または組合の常務に従事する理事等が自ら営む事業、すなわち、営利の目的をもって同種の行為を反復継続的に行うことを意味し、農業、林業、水産業等も含みますが、本条の趣旨が兼職・兼営を規制することをもって職務専念を確保しようとすることにあることから、それに反しないような実体にある農業経営等までが規制の対象になるものではないと解されます。なお、他の組合の経営管理委員となる場合その他当該組合の業務の健全かつ適切な運営を妨げるおそれがない場合として農林水産省令で定める場合は、この規制の例外とされています。この禁止規定に違反した場合には、過料の制裁が課される（法101条１項31号）ほか、当該理事だけを対象とする役員改選請求の事由（法38条３項ただし書）となり、また組合に対する行政庁の必要措置命令（法95条）の原因ともなります。

　理事会の承認が必要な理事と組合との取引とは、その理事が組合の代表理事であると否とを問わず、またその理事が同時に、また自ら組合を代表する場合であると、他の理事が組合を代表する場合であるとを問いません。理事会の承認を受けた取引については、自己契約または双方代理等に関する民法108条の規定は適用されません（法35条の２第３項）。理事と組合との間の取

引につき、このような規制をしたのは、理事がその地位を利用して、組合の利益を犠牲にし、自己の利益を図ることを防止するためですので、その取引につき、理事が第三者の代理人として、または他の法人の代表者として組合と契約する場合も当然に含み（同条2項1号）、また組合が理事の債務を保証し、その他理事以外の者との間において組合と理事との利益相反する取引をする場合を含みます（同条2項2号）。

　なお、理事会の承認を受けない取引は原則として無効ですが、取引の無効は善意の第三者には主張できないと解されており、また、無効は組合側からのみ主張することが許され、取引の当事者の理事側から主張することはできないと解されています。というのも、理事会の承認を要することとしたのは、組合を保護するためですが、一方では取引の安全も確保しなければならないからです。理事会の承認を受けなかった理事は、任務懈怠としてこれによって生じた組合の損害を賠償する義務を負うことは当然として、承認を受ければ責任が否定されるというものではありません。

9 経営管理委員とは

　経営管理委員とは、組合の業務の基本方針の決定、重要な財産の取得および処分その他の定款で定める組合の業務執行に関する重要事項を決定することをその職務とする、理事会の上位に位置する組合の業務執行に関する意志を決定する機関である経営管理委員会の構成員です。

　経営管理委員の定数は、5人以上で定款で定める員数で、総会における選挙または選任により、もしくは総会外の選挙によって選出されます（法30条4項・10項、30条の2第3項）。経営管理委員の定数の少なくとも4分の3は正組合員たる個人または正組合員たる法人の役員でなければならず、かつ原則として、農業協同組合の経営管理委員の過半は農業経営基盤強化促進法にいう認定農業者でなければなりません（法30条の2第4項）。なお、経営管理委員設置組合の理事については、経営管理委員会が選任することとなっており（同条6項）、また、経営管理委員を置かない組合の理事の場合と異なり、その全員が正組合員以外の者であっても差し支えがありませんが、その全員が農畜産物の販売その他の当該組合が行う事業または法人の経営に関し実践的な能力を有する者でなければならないことになっています（同条7項）。

　なお、経営管理委員の欠格事由については、理事と同様です（法30条の4）。

　組合と経営管理委員との法律関係は、委任関係です（法30条の3）。したがって、その職務を行うにあたっては、当然、善良な管理者の注意をもってその職務を遂行する義務を負い（民法644条）、法令および定款等の定め、ならびに総会の決議を遵守し組合のため忠実にその職務を遂行する義務を負うことになります（法35条の2第1項）。

　さらに、経営管理委員会の承認を受けないで組合との利益相反取引を行

ってはならない義務を負うこと（法35条の２第２項）についても、理事の場合と同様です。

✳ 経営管理委員の退任の事由は、組合の解散の場合を除き、理事について述べたところと同様です。ただし、組合の解散は、監事と同様にその終任事由とはされていません。なお、任期も理事のそれとまったく同様であり、欠員の場合の取り扱い等もまったく同様です。

解 説

経営管理委員の制度は、平成８年の改正（法律94号）で新たな選択肢の一つとして導入されたもので、導入当初は任意の制度でしたが、平成13年の改正で信用事業または共済事業を行う農業協同組合連合会およびそれ以外の連合会で、その正会員の数が500人以上の農業協同組合連合会については、経営管理委員の設置が義務づけられています（法30条の２第２項、施行令21条）。また、同じ改正で、経営管理委員はその全員が正組合員でなければならないとする定めは、定数の４分の１は正組合員以外の者をもって充てることができることとされました。

経営管理委員を置いた場合でも理事および理事会が不要になるわけではなく、経営管理委員設置組合における理事および代表理事は、後述するように経営管理委員会で選任することされています（法30条の２第６項、35条の３第１項）。そして、経営管理委員設置組合における日常の具体的な業務執行は、理事をもって構成される理事会と代表理事等に委ねられ、組合の業務の基本方針の決定、重要な財産の取得および処分その他の定款で定める組合の業務執行に関する重要事項は経営管理委員全員をもって経営管理委員会で決すべきこととし（法34条３項）、理事会および代表理事等は、その決議を順守し（法35条の２第１項）、組合の業務執行を行うことになります。

経営管理委員の選出および改選については、経営管理委員を置かない組合

における理事について述べたところの選出および改選と同様であり、その退任の事由も組合の解散（解散は監事と同様に経営管理委員の終任事由ではない）の場合を除き、理事と同様です。なお、任期も理事および監事のそれとまったく同様であり、任期満了または辞任により法律または定款で定める定数を欠くに至ったときに、任期満了または辞任により退任した経営管理委員は、新たに選出された経営管理委員が就職するまでは、なお経営管理委員としての権利義務を有すること（法39条）も理事と同様です。

10 経営管理委員会とはどのような機関か

❀ 経営管理委員会は、経営管理委員全員をもって構成される組合の業務執行に関する意思決定機関であり、理事および代表理事を任命する権限を有する組合の任意（一定の連合会を除く）の機関です（法30条の２、34条）。

　理事会は、経営管理委員会が決定するところに従って組合の業務執行を決し、理事の職務執行を監督することとされており（法32条４項）、理事会との関係では、その上位の機関ということになります。

❀ 経営管理委員会の一般的権限については、「この法律で別に定めるもののほか、組合の業務の基本方針の決定、重要な財産の取得及び処分その他の定款で定める組合の業務執行に関する重要事項を決定する」と定めているだけです（法34条３項）。「重要な財産の取得及び処分」は、その他の定款で定める組合の業務執行に関する重要事項の例示ですので、何が重要な事項かは定款の定めるところに委ねられます。

❀ 「この法律で別に定めるもの」には、理事の選任（法30条の２第６項）のほか、①代表理事の選任および解任（第35条の３第１項）、②総会（総代会）の招集の決定（正組合員からの適法な総会招集請求権の行使による総会または総代会の招集請求があったときの臨時総会または臨時総代会の招集の決定を含む）（法43条の５第２項、43条の３第２項）、③理事の解任請求（法34条７項）、④計算書類等の承認（法36条６項）、⑤部門別損益計算書類の承認（法37条２項）、⑥理事または経営管理委員と組合との利益相反取引の承認（法35条の２第２項）、⑦信用事業の簡易譲受手続における信用事業の全部または一部の譲受け（法50条の３第１項）、⑧簡易合併手続における合併契約の承認（法65条の２第１項）、⑨簡易新設分割手続による新設分割計画の承認（法70条の４第１項）、⑩清算の場合の財産目録、貸借対照表および財産の処分方法の承認（法72条２項）、⑪清算結了の際

の決算報告の承認（法72条の２第２項）などがあり、これらは経営管理委員会の専権事項として他の機関等にその決定を委任することはできません。

✳　経営管理委員会は、理事会と同様、会議体の機関ですので、その権限を行使するためには会議を開かなければならず、そのためには一定の招集権者により、一定の手続に従って会議が招集される必要があります。そして経営管理委員会の決議と認められるための決議要件があります。これらについては、理事会の規定が準用されています（法34条10項→33条各項、会社法366条・368条）。

✳　経営管理委員会の議事については、議事録の作成、備置き等が必要になりますが、これらについては理事会の議事録に準じます（法35条、34条10項→33条３項・４項）。

解　説

　構成員が多数になるに従い、構成員自らが構成員たる地位において業務執行を担うことはいろいろな理由から困難になります。農協法は、制定当初から、組合の意思決定機関として正組合員全員によって構成する総会、業務執行機関たる理事、業務執行の監督（査）機関たる監事を組合に必須の機関とし、「所有と経営の分離」を前提にした機関設計になっています。

　平成４年の農協法改正では、従来、各自が組合の業務執行機関を構成し、各自単独でその権限を行使するものとされていた理事については、理事会制度のもとで、業務執行に関する意思決定と理事の業務執行を監督する理事会と、業務執行そのものを担う代表理事とに分離しました。

　この経営と所有の分離のもとにおける業務監査機構に関するシステムは、大きくわけてドイツに代表される大陸型のシステムとアメリカ型のシステムとがあります。前者は、業務監査機関である監査役（監事）会（aufsichtsrats）と業務執行機関である取締役（理事）（vorstands）が機能的に分離し、

前者が後者の上位機関として業務執行を監督するシステムであり、後者は業務執行を担当する役員（officer）が置かれ、社外取締役を中心に構成される監査委員会が役員の業務執行を監督する、業務執行と業務監査を取締役会が担うシステムです。わが国は、戦後、アメリカの制度にならって取締役会の制度を導入しましたが、監査役の制度は存置したため、大陸型ともアメリカ型とも異なる独自のシステムとなりました。

　農協法の平成4年の改正で、理事会制度を導入することになって株式会社の一般的な制度と同じ機関設計となりました（といっても機関の権限配分については協同組合の特性が反映したものとなっています）が、平成8年の改正では、総会、理事会・代表理事および監事という機関を前提に、新たな機関として経営管理委員会を追加しました。この新たな制度はドイツやフランスの大陸の制度にならったものであるといわれますが、既存の機関には手を加えない結果として、機関の全体構造は、大陸型やアメリカ型とも異なるばかりでなく、わが国の法人制度の中でも特異な機関設計となっています。

　経営管理委員会は、総会と同様、組合内部の意思を決定するにすぎず、会議体としての性質上、自ら業務執行それ自体を行うことはできません。したがって、業務執行自体は経営管理委員会および理事会の決定するところに従い、あるいは自らの判断するところに従い代表理事が行うわけですが、それは経営管理委員会の意思決定に反するものであってはならず、理事会のように「理事の業務執行を監督する」（法32条3項）といった明文の規定はありませんが、経営管理委員会には理事および代表理事の選・解任権（理事については、選任権はあるが解任権自体は総会に留保されている）があり、経営管理委員会は、理事をその会議に出席させて必要な説明を求めることができることとされている（法34条4項）ので、経営管理委員会は、理事会および代表理事の業務執行を監督する権限を有することは明らかです。したがって、経営管理委員会、理事会それに監事がそれぞれ業務監査権を有するという機関設計になっています。

11 監事とは

✳ 監事とは、理事および経営管理委員の職務の執行を監査することを任務とする組合の必置機関です（法30条１項、35条の５第１項）。

✳ 監事の資格は、理事および経営管理委員と同様の資格制限があります（法30条の４）。ただし、理事と異なり、監事は、理事および経営管理委員とを兼ねることができないだけでなく、当該組合の使用人を兼ねることができません（法30条の５第２項・３項）。なお、理事や経営管理委員とは異なり、その一定数以上が正組合員等でなければならないといった制約はありません。

✳ 監事の定数は、２人以上で定款で定める員数ですが（法30条２項）、後述するように、一定の組合にあっては、監事のうち１人以上は員外監事でなければなりません（同条14項）。また、一定の組合にあっては、監事のうちから少なくとも１人以上は常勤の監事を定めなければならないこととされています（同条15項）。

✳ 組合と監事との法律関係は、委任関係であり（法30条の３）、その職務を行うにあたっては、当然、善良な管理者の注意をもってその職務を遂行する義務を負い（民法644条）、法令および定款等の定め、ならびに総会の決議を遵守し組合のため忠実にその職務を遂行する義務を負うこと（法35条の２第１項）は、理事および経営管理委員と同様です。しかし、監事は業務執行を担うものではありませんので、これらの者と異なり、組合との利益相反取引に関する規制はありません。

✳ 監事の任期は、その他の役員と同様で（法31条）、欠員の場合の取り扱い等もまったく同様です（法39条）。退任事由もその他の役員と同様ですが、組合の解散が退任事由とはならない点で理事とは異なり、経営管理委員と同じです。

また、その選出および解任についても、基本的には、理事（経営管理委員設置組合の理事を除く）および経営管理委員と同様です。

解 説

　監事は、理事および経営管理委員の職務の執行を監査すること、すなわち組合の業務監査と会計監査を行う機関です。

　監事の資格としては、自然人に限られること、欠格事由に該当する者は監事になれないことは他の役員とまったく同様です（法30条の４）。理事と異なり、監事は、理事および経営管理委員とを兼ねることができないだけでなく、当該組合の使用人を兼ねることができませんが、これは、監事という機関の性質上、これらの地位を兼任することは自己監査となり、監事としての職務執行の公正を期しがたいという趣旨によるものです。

　監事の選出、改選および退任については、理事（経営管理委員設置組合の理事を除く）および経営管理委員の場合と基本的には同様ですが、監事の独立性確保の要請から、別途後述するように、その選任に関する同意権等の権利（法35条の５第５項→会社法343条１項）や選任、解任または辞任についての意見陳述権（法35条の５第５項→会社法345条１項・２項）が認められています。

　なお、任期については、他の協同組合法の多くは、業務執行機関の担当者の任期を短期化し、一方監査機関の任期を長期化する会社法の考え方にならい、理事の任期を２年とし、監事の任期を４年とする改正を行っていますが、農協法では役員の任期は、原則３年に統一されています。

12 監事の独立性とは

　監査業務を担う監事がその期待される役割を発揮するには、監査される側の業務執行陣からの独立性が求められます。組合と委任関係にある役員として、理事や経営管理委員と類似の規制が行われていますが、農協法では監事の地位の独立性を確保するための規定をいくつか置いています。

1　監査費用

　民法の規定に基づき受任者（監事）は、委任者（組合）に対し、委任事務を処理するのに必要な費用の前払請求をすること、そして費用を立て替えた場合の費用等の償還請求することができるのは当然です。農協法は、監事が職務の執行につき、①費用の前払いを請求したとき、②費用の支出をした場合においてその費用および支出の日以後におけるその利息の償還を請求したとき、または③債務を負担した場合においてその債務を自己に代わって弁済すべきこと、もし、その債務が弁済期にないときは相当の担保を供すべきことを請求したときは、組合は、その費用または債務の負担が監事の職務の執行に必要でないことを証明するのでなければ、これらの請求を拒むことができないとし（法35条の5第5項→会社法388条）、挙証責任の転換を図っています。

2　監事の報酬等

　委任は無償が原則ですが、監事は報酬等を受けるのが通常です。その報酬等は、理事の報酬等と同様、定款または総会（または総代会）の決議をもって定めなければなりませんが（法35条の5第5項→会社法387条1項）、監事の報酬等は、理事の報酬等と区別して定めることを必要とするとともに、総会（または総代会）が報酬等を定める場合には、監事は、総会（または総代

会）においてこれにつき意見を述べることができるとされています（法35条の５第５項→会社法387条３項）。これは、監事の独立性を保障するためです。

　なお、総会（または総代会）が監事の報酬等を定めるに際し、各人の受けるべき額を定めずにその総額のみを定めたときの各人の受けるべき報酬等の額は、その報酬等の総額の範囲内において監事の協議によって定めなければならないこととされています（法35条の５第５項→会社法387条２項）。

3　選・解任についての意見陳述権等

　理事（経営管理委員設置組合にあっては、経営管理委員）は、監事の選任に関する議案を総会に提出するには、監事の過半数の同意をえなければならないとし（法35条の５第５項→会社法343条１項）、また監事は、理事（経営管理委員設置組合にあっては、経営管理委員）に対し、監事の選任を総会の目的とすること、または、監事の選任に関する議案を総会に提出することを請求することができることとしています（法35条の５第５項→会社法343条２項）。

　さらに、監事は、総会において監事の選任もしくは解任について意見を述べることができます（法35条の５第５項→会社法345条１項）。これは、監事の選任・解任についての適正を期し、あわせて、監事の独立性が損なわれることを防止することを通じ、監事の地位の安定と強化に資するためです。

4　辞任に関する意見陳述権

　上記のように、監事の地位の安定と強化に資する観点から、監事は、総会において監事の選任または解任について意見を述べる権限が認められていますが、監事がその意にそわない辞任を強いられないようにすることにより、さらにその地位の安定と強化を図るために、監事を辞任した者は、辞任後最初に招集された総会に出席し、辞任した旨およびその理由を述べることができるとされています（法35条の５第５項→会社法345条２項）。また、その機

会を保障するために、組合は該当者に対して総会が招集される旨を通知することを要するとされています（法35条の5第5項→会社法345条3項）。

　なお、辞任した監事だけでなく、他の監事も意見を述べることができます（法35条の5第5項→会社法345条1項）。

解　説

　監事と組合との関係は委任の関係に立ちますので、監査の費用について前述のように費用の前払い等の請求をなしうるのは民法の原則上、当然のことです（民法649条、650条参照）。この場合、職務の執行に必要な費用であることは、監事において証明しなければならないのが原則です。そこで、農協法35条の5第5項は、監事の職務の遂行を容易にするため、会社法388条の規定を準用し、その挙証責任を転換し、監事が費用の償還・前払い・弁済等の請求をしたときは、組合は、その費用または債務の負担が監事の職務の執行に必要でないことを証明するのでなければ、これらの請求を拒むことができないこととしています。したがって、監事としては、請求するに際し、それが監査の費用であることを明らかにすれば足りることになります。この監査の費用には、監事としての活動に要する諸経費（理事に対する訴訟に要する費用などを含む）・手数料・旅費などのほか、その使用する補助者に対する報酬も含まれます。

　総会（または総代会）で定める報酬等の額は、各監事の受くべき報酬等の額まで定めることは必ずしも必要ではなく、数人の監事の報酬等の総額を定めれば足りることについては、理事の場合と同様です。ただし、このような場合にあっては、各監事の受くべき報酬等の額は、総会（または総代会）で定めた報酬等の総額の範囲内において監事の協議によって定めなければならないとされています（法35条の5第5項→会社法387条2項）。協議は、監事全員の合意によることになりますが、その全員の合意をもって、監事の多数

決による旨を定め、あるいは特定の監事に一任する旨を定めることは差し支えありません。

　なお、ここでいう報酬等には、報酬のほか、賞与その他の職務執行の対価として組合から受ける財産上の利益が含まれ、監事の退任慰労金もこれに含まれます。

　会社法では、監査役の選任や解任、辞任にあたっては、総会において監査役は意見を述べることができることとされています。会社の場合には、監査役の選任や解任の議案が取締役会によって提出されますので、事実上、取締役会や代表取締役の意思によって決定され、その結果、監査役の独立性が損なわれることがあるからです。また辞任の場合も辞任の形式をとっていても実質は解任という場合もあるため、辞任した監査役自身が株主に訴えるために、辞任後最初に招集される株主総会に出席して、辞任した旨とその理由を述べることができることとしています。また、会社法は、監査役の選任議案を株主総会に提出するには監査役の同意を得なければならないこと、一方、監査役も取締役に対し、監査役の選任を株主総会の議題とすべきこと、また監査役の選任議案を株主総会に提出することを請求することができるようにしています。

　ところで、農協法に明文の定めはないものの、組合における役員の選出にあたっては、農協法で選挙によらずに選任の方法によると認めた際に、選挙におけると同様の民主的な選出方法となるよう選任議案の作成も組合員がそのために選んだ役員推薦委員の会議（役員推薦委員会）において行うことで、現任の理事や経営管理委員の影響が及ばないようにする仕組が指導上導入されています。また、農協法は、役員の解任も特別な役員の改選（解任）手続規定を設け、総会の決議をもって一方的に解任することはできないこととしています。したがって、農協法でも、会社法の監査役に関連するこれらの事項に関する規定を監事の選任や解任、辞任について準用していますが、準用規定が活用されることは原則としてないように思われます。

13 員外監事・常勤監事とは

✳　信用事業または共済事業を行う一定規模以上の農業協同組合および信用事業または共済事業を行う連合会にあっては、監事のうち1人以上は員外監事でなければならないこととされています（法30条14項）

　ここでいう「員外監事」とは、①農業協同組合にあっては、当該農業協同組合の組合員または当該農業協同組合の組合員たる法人もしくは団体の役員もしくは使用人以外の者、②農業協同組合連合会にあっては、当該農業協同組合連合会の会員たる法人の役員または使用人以外の者であって、「その就任前5年間当該組合の理事若しくは使用人又は子会社の取締役、会計参与（会計参与が法人であるときは、その職務を行うべき社員）、執行役若しくは使用人でなかったこと」、かつ、「当該組合の理事又は参事その他の重要な使用人の配偶者又は2親等内の親族以外の者であること」という資格を備える監事のことです（同項）。

　監事が員外監事であるかどうかは、その者が員外監事としての法定の資格を有するか否かという客観的条件によって決まります。なお、員外監事が欠けているにもかかわらず、その選出を怠っている場合には、過料の制裁があります（法101条1項29号）。

　「就任前5年間」とあるように、この要件は監事就任時において満たす必要があり、監事の任期中に5年経過した者が、その5年経過した日の翌日から員外監事として扱われるわけではありません。

　また「子会社」とは、組合がその総株主等の議決権の100分の50を超える議決権を有する会社をいい、この場合、当該組合およびその子会社の双方で、または当該組合の子会社が単独で株式会社の総株主等の議決権の100分の50を超える議決権を有する会社も当該組合の子会社とみなされます（法11条の2第2項）。

※ 信用事業または共済事業を行う一定規模以上の農業協同組合および信用事業または共済事業を行う連合会にあっては、監事の互選をもって常勤の監事を定めなければならないこととされています（法30条15項）。監事がこれに違反して常勤監事を定める手続をしなかったときは、過料に処せられます（法101条1項30号）。

　ここにいう「常勤」とは、その立法趣旨からみて、原則として組合の業務時間中はその組合の監査を行いうるような態勢にあることが必要であって、他の法人の常勤役員・使用人等を兼ねることは常勤監事を設けた趣旨からいっても、さらには常勤役員等の兼職・兼営を規制する規定（法30条の5）からいっても許されません。

解 説

　員外監事を置かなければならない農業協同組合というのは、事業年度の開始の時における貯金および定期積金の合計額が50億円以上であるか、または共済の責任準備金の額が50億円以上である農業協同組合をいいます（施行規則77条1項）。

　員外監事の要件のうち「その就任前5年間当該組合の理事若しくは使用人又は子会社の取締役、会計参与（会計参与が法人であるときは、その職務を行うべき社員）、執行役若しくは使用人でなかった」ものとの要件は、「就任前5年間」とあるように、監事就任時において満たす必要があり、監事の任期中に5年経過した者が、その5年経過した日の翌日から員外監事として扱われるわけではありません。監事が員外監事か否かは、その者が員外監事としての法定の資格を有するか否かという客観的条件によって決まり、常勤か非常勤かも問題ではありません。また、監事としての職務遂行の態様としての常勤監事のように、その決定を監事の互選で行うことは問題にはなりません。

　なお、監事の選出につき選任の方法による場合で、書面または電磁的方法

による議決権の行使を認める場合にあっては、招集通知の総会参考書類に、候補者が員外監事の候補者であるときは、①その該候補が農協法30条14項〔員外監事〕に規定する監事の候補者である旨、②その候補者を員外監事の候補者とした理由、および③その候補者が現にその組合の員外監事である場合において、その候補者が最後に選任された後、在任中にその組合において法令または定款に違反する事実その他不正な業務の執行が行われた事実（重要でないものを除く）があるときは、その事実ならびにその事実の発生の予防のためにその候補者が行った行為およびその事実の発生後の対応として行った行為の概要、④その候補者が現にその組合の監事であるときは、その組合における地位、担当および監事に就任してからの年数をそれぞれ総会参考書類に記載しなければならないことになっています（施行規則165条2項）。

　員外監事を置くことを要する組合において員外監事を欠いた場合にどうなるかは問題です。それが短期間にとどまるときは、その監事監査が当然に違法となることはありませんが、員外監事を欠いた監事の監査報告は、監事が法定の員数を欠いた場合と同様、瑕疵を帯びたものとなり、各監事の監査報告において会計監査人の監査報告における計算書類についての無限定適正意見を相当でないと認めた旨の記載がないときも、計算書類（剰余金処分案または損失処理案を除く）につき通常総会における承認を要しないことにはならないと解されるほか、たとえ通常総会で承認を得たとしても、手続上瑕疵あるものとして決議の取消しの原因になるものと解されます。

　次に、常勤監事に関してですが、監事の中から常勤の監事を定める必要な農業協同組合とは、事業年度の開始の時における貯金および定期積金の合計額が200億円以上であるか、または共済の責任準備金の額が200億円以上である農業協同組合をいいます（施行規則78条1項）。なお、常勤か非常勤かで職務権限に差異もなく義務と責任においても区別があるわけではありませんが、責任を追及された場合には、常勤監事は非常勤監事よりも困難な立証の負担を負うことにはなるでしょう。

問題は、常勤を欠いた場合の監査の効力です。員外監事を欠いた場合とは異なり、法定数以上の監事が監査を行っているかぎりは、監査の効力には瑕疵がないと解されます。

14 監事の義務と職務権限

　監事の職務は、理事および経営管理委員の職務の執行を監査することですから、その権限は、会計を含み組合の業務全般の監査にも及ぶことになります。監事の場合、その権限に属する事項は原則として義務でもあります。なお、監事が複数人いたとしても各監事はそれぞれ独立して監査権限を行使する独任制の機関です。

1　監事の義務

　監事の監査権限に付随して監事の義務として定められているものに、次のものがあります。

（1）理事等の不正行為の報告

　監事は、理事が不正の行為をし、もしくはその行為をするおそれがあると認めるとき、または法令もしくは定款に違反する事実もしくは著しく不当な事実があると認めるときは、遅滞なく、その旨を理事会および経営管理委員会に対し（法35条の5第3項）、さらに経営管理委員が不正の行為をし、またはその行為をするおそれがあると認められるときは、遅滞なく、その旨を経営管理委員会に対して報告しなければなりません（同4項）。

（2）理事会等への出席

　監事は、理事会および経営管理委員会に出席し、必要と認めるときは意見を述べなければなりません（法35条の5第5項→会社法383条1項本文）。これにより、監事の組合の業務に関する情報の入手と、また違法または著しく不当な決議の事前防止が期待されています。

　なお、経営管理委員設置組合の監事の理事会出席に関しては、監事の互選によって監事の中からとくに理事会に出席する監事を定めることができることとなっています（法35条の5第5項→会社法383条1項ただし書）。

（3）総会への報告

　監事は、理事または経営管理委員が総会（または総代会）に提出しようと
する議案および書類を調査し、法令もしくは定款に違反し、または著しく不
当な事項があると認めるときは、総会（または総代会）にその意見を報告し
なければなりません（法35条の５第５項→会社法384条）。なお、意見の報告
は、総会提出の議案または書類に違法または著しく不当な事項があると認め
られる場合にのみ行うことで足ります。

　調査を要する総会提出の書類には、損益計算書、貸借対照表（および財産
目録）、剰余金処分案または損失処理案その他農林水産省令で定めるもの、
ならびに事業報告ならびにこれらの附属明細書が含まれますが、これらの書
類については、別途、監査をし、その結果を監査報告として、通常総会にこ
れらの書類とともに提出または提供すべきこととされています（法36条８項）。

2　監事の職務権限

　監事にはその職務が適正に遂行できるよう、また監事に期待される職務が
発揮できるよう、以下に述べる各種の職務権限が与えられています。これら
は、機関に与えられた権限ですので、義務でもあります。

（1）事業報告請求権・業務財産調査権

　監事は、いつでも、理事、経営管理委員および参事その他の使用人に対
し、事業の報告を求め、または組合の業務および財産の状況を調査するこ
とができます（法35条の５第２項）。

　この報告および調査の権限は、監事がその任務を遂行する上での最も基
本的な権限です。なお、この職務権限に照応して、農協法は、理事および
経営管理委員に対し、組合に著しい損害を及ぼすおそれがある事実を発見
したときは、直ちに当該事実を監事に報告すべきことを求めています（法
35条の４第１項→会社法357条）。

（2）子会社等調査権

　親会社である組合の監事は、その職務を行うために必要があるときは、子会社等に対して営業の報告を求め、または子会社等の業務および財産の状況を調査することができます（法35条の5第5項→会社法381条3項）。

　親会社である組合の監事が子会社等に対して求めうるのは、親会社である組合の監事として、当該組合の監査の職務を行うために必要な場合および必要な範囲に限られ、また、報告を求めうるのは子会社の代表者に対してであって、子会社等の支配人その他の使用人に対して直接報告を求めることはできません（法35条の5第2項対照）。また、必要があれば、子会社等の業務および財産の状況を調査することができますが、子会社等も法律上独立した法人ですので、正当な理由があるときは上記の報告または調査を拒むことができることになっています（法35条の5第2項→会社法381条4項）。

（3）会計監査人に対する報告の徴収権

　会計監査人設置組合の監事は、その職務を行うために必要があるときは、会計監査人に対し、その監査に関する報告を求めることができます（法37条の3第1項→会社法397条2項）。これに照応して、会計監査人は、その職務を行うに際して理事または経営管理委員の職務遂行に関し不正の行為または法令・定款違反の重大な事実を発見した場合には、遅滞なく、監事に対してこれを報告する義務を負っています（法37条の3第1項→会社法397条1項）。

　会計監査人設置組合の監事が会計監査人に対して報告を求めうるのは、監事が監査業務を行うために必要な場合かつ必要な範囲に限られますが、一方で、会計監査人設置組合の監事の監査報告には、「会計監査人の職務の遂行が適正に実施されることを確保するための体制に関する事項」を記載すべきこととされていますので、監事には、これについての調査義務があることになります。

（4）理事会・経営管理委員会招集権

　前述の理事等の不正行為の報告に関する義務との関係で、監事は、必要があるときは、理事会または経営管理委員会の招集を請求することができ（法35条の5第5項→会社法383条2項）、この請求があったにもかかわらず、招集権者である理事または経営管理委員が請求のあった日から5日以内に、請求の日から2週間以内の日を理事会の日または経営管理委員会の日とする理事会または経営管理委員会の招集の通知を発しないときには、その請求をした監事は自ら理事会または経営管理委員会を招集することができます（法35条の5第5項→会社法383条3項）。

　そして、監事の報告を受けた理事会または経営管理委員会は、必要があると認めるときは、その監督権限に基づき、当該理事に対する行為の差止、代表理事の解任など適宜必要な措置を講じなければならないことになります。

（5）違法行為差止権

　監事は、理事が組合の目的の範囲外の行為その他法令・定款に違反する行為をし、またはこれらの行為をするおそれがある場合において、これによって組合に著しい損害が生ずるおそれがあるときは、理事に対しその行為を止めるべきことを請求することができます（法35条の5第5項→会社法385条1項）。

　差止の請求をしたにもかかわらず、理事がその行為を止めないときは、差止の訴えを提起し、また仮処分を申請することになりますが、組合員の有する差止請求権（法35条の4第1項→会社法360条1項）と異なっています。すなわち、監事のそれは理事の職務執行の監査機関として有する権限であり、法定の要件が存する場合に、差止の請求をするのは監事としての義務でもある関係で、その要件も、組合に「著しい損害」を生ずるおそれがある場合として、「回復すべからざる損害」を生ずるおそれのある場合に限り認められる組合員の差止請求権よりも緩和されており、また、仮処分によって差止を求める場合にも、組合員が行う場合と異なり、担保を

立てる必要もありません（法35条の5第5項→会社法385条2項）。

（6）選・解任についての意見陳述権等

　理事（経営管理委員設置組合にあっては、経営管理委員）は、監事の選任に関する議案を総会に提出するには、監事の過半数の同意を得なければならないとされ（法35条の5第5項→会社法343条1項）、また監事は、理事（経営管理委員設置組合にあっては、経営管理委員）に対し、監事の選任を総会の目的とすること、または、監事の選任に関する議案を総会に提出することを請求することができることとされています（法35条の5第5項→会社法343条2項）。

（7）会計監査人の選任等の議案の決定権等

　会計監査人設置組合における会計監査人の選任・解任・不再任に関する議案の内容は、監事が決定することになっています（法37条の3第1項→会社法344条1項・2項）。

　また、会計監査人が欠けた場合において、遅滞なく会計監査人が選任されないときは、監事全員の同意のより一時会計監査人の職務を行うべき者を選任しなければならないことになっています（法39条2項・3項）。

（8）一定の場合における会計監査人の解任権

　会計監査人設置組合において会計監査人に職務上の任務懈怠があり、会計監査人として相応しくない非行があった場合、心身の故障があり職務遂行に支障があり、またはこれに堪えないときには、監事全員の同意によって会計監査人を解任することができます（法37条の3第1項→340条1～3項）。

（9）辞任に関する意見陳述権

　監事を辞任した者は、辞任後最初に招集された総会に出席し、辞任した旨およびその理由を述べることができることとされています（法35条の5第5項→会社法345条2項）。

　なお、辞任した監事だけでなく、他の監事も意見を述べることができま

す（法35条の５第５項→会社法345条１項）。

（10）報酬に関する意見陳述権

監事は、総会において、監事の報酬等について意見を述べることができます（法35条の５第５項→会社法387条３項）。

（11）会計監査人の報酬等についての同意権

会計監査人に支払うべき報酬等は、定款・総会の決議によって定める必要はありませんが、理事がその報酬等を定めるにあたっては、監事の同意を得なければならないこととされています（法37条の３第１項→会社法399条）。

（12）理事と組合間の訴訟の代表権

監事は、組合が理事または経営管理委員（退任した者を含む）に対し、または、理事または経営管理委員（退任した者を含む）が組合に対し、訴えを提起する場合には、その訴えについて組合を代表します（法35条の５第５項→会社法386条１項）。組合と理事との間の訴訟については、代表理事よりも、理事の職務の執行を監査する立場にある監事が組合を代表するほうが、訴訟の公正を期すうえで適当と認められるからにほかなりません。

なお、これとの関係で、組合員代表訴訟前に組合員の組合に対する訴え提起の請求および提訴組合員からの訴訟告知および和解に関する通知・催告も監事がうけることとなっています（法35条の５第５項→会社法386条１項１号・２項１・２号）。また、組合が理事側に補助参加する申出をする場合についても各監事の同意が必要とされています（法41条→会社法849条３項）。

（13）理事等の責任の免除への同意権

理事（経営管理委員設置組合にあっては、経営管理委員）は、理事および経営管理委員の組合に対する責任の免除に関する議案を総会に提出するには、各監事の同意をえなければならないこととされています（法35条の６第６項）。これは、これらの者の組合に対する責任の追及が監事の権限

であることとの関係で認められた権限です。

（14）各種の提訴権

　監事は、総会（または総代会）の決議取消の訴え（法47条→会社法831条１項）、出資１口金額減少無効の訴え（法50条３項→会社法828条１項５号）、合併無効の訴え（法69条→会社法828条１項７号・⑧号）、新設分割無効の訴え（法70条の７→会社法828条１項10号）、組織変更無効の訴え（法75→会社法828条１項６号、法80条、86条→75条）、設立無効の訴え（法63条の２→会社法828条１項１号）を提起することができます。

（15）総会招集権

　以上のほか、組合の運営を円滑に行えるよう、監事には、理事（経営管理委員設置組合にあっては、経営管理委員）の職務を行う者がいないとき、または、農協法43条の３第２項の規定による組合員からの適法な総会開催請求があった場合において、理事（経営管理委員設置組合にあっては、経営管理委員）が正当な理由がないのに総会招集手続をしないときは、総会を招集する権限が与えられています（法43条の４第２項）。

解説

　監事は、組合の業務および会計の両面にわたって監査する機関ですが、監事の業務監査が、理事および経営管理委員の業務執行が法令・定款に適合して行われているかという適法性監査に限られるか、その職務執行の妥当性の監査まで及ぶのかについては、理事会および経営管理委員会の業務監査の権限との関係でどのように理解すべきか疑問がないわけではありません。

　会社法の世界では、監査役の職務については過去の制度的な変遷もあり、妥当性の監査にも及ぶかどうかという点に関しては様々な意見があり争いのあるところです。なお、最近の会社法の改正によって、監査役は、株主代表訴訟の提起の請求があった場合に会社が訴えを提起しない場合の理由等の通

知や、取締役の違法行為に基づく責任の減免に関する議案の提出に際しての取締役の違法行為に基づく責任について、その減免の妥当性の判断の要請、さらには、大会社の監査報告には取締役会で決定したいわゆる内部統制システムにつき監査役が相当でないと認めるときはその旨および理由を記載すべきことと等から、少なくとも監査役の業務監査が違法性監査にとどまると考えることは困難です。農協法は監事の職務権限につき、会社法の監査役の職務権限に関する規定を準用してきていますので（もっとも現時点で、農協法は、内部統制システムの構築等を理事会等の義務とする明文を置いていませんので、それについての監事の意見等の監査報告への記載も求めていません）、この点に関する会社法における考え方は農協法における監事の職務に関しても妥当するものであるといえます。

　なお、監事の職務権限として掲げた項目のうち、「事業報告請求権・業務財産調査権」ならびに「子会社等調査権」および会計監査人設置組合の監事の「会計監査人に対する報告の徴収権」は、監事がその職務を遂行する上で最も基本的な権限であり、これにより事業年度中常時監査を行うことができることになります。「理事会・経営管理委員会出席義務」も積極的な義務であると同時に、この調査権限の部類に属する権限でもあります。また、「総会提出議案・書類の調査報告義務」は、監査の結果についての報告義務であり、これも監事の基本的な職務です。

　また、その職務の遂行上、理事の違法行為またはその危険を発見したときには、それを未然に防止または拡大を防ぐため、「違法行為差止権」が認められており、また、このために「理事会・経営管理委員会招集権」が認められており、さらに、理事の違法行為が行われてしまった後においては、「理事・経営管理委員の責任を追及する訴え」のほか、「各種の提訴権」によってその是正を図ることが期待されているといえます。

　「総会招集権」は、会社法にはない農協法が認めるところの特殊な権限といえます。

※　権限と権利

「権限」というのは、各種の法人や個人の機関や代理人が、法律上、与えられまたはつかさどる職務の範囲において、することのできる行為もしくは処分の能力または行為もしくは処分の能力の限界もしくは範囲を表すことばです。通常、この「権限」は「職務」と対応して用いられます。これに対し「権利」というのは、一定の利益を自己のために主張することのできる法律上保障された力をいいます。

15 会計監査人とは

✳ 会計監査人は、計算書類等の監査、すなわち会計監査をする者です（法36条6項、37条の2第3項）。

　信用事業または共済事業を行う一定規模以上の農業協同組合および一定規模以上の農業協同組合連合会にあっては、会計監査人を置かなければなりませんが（法37条の2第1項、施行令22条）、それ以外の組合では、その設置は任意です（同法同条2項）。

　この会計監査人は、平成27年の法律改正によって一定規模以上の組合に設置が義務づけられるようになったもので、改正前においては全国農業協同組合中央会が担っていた計算書類等の監査を担うものです。

✳ 会計監査人の資格は、公認会計士または監査法人で（法37条の3第1項→会社法337条1項）、会計監査人に選任された監査法人にあっては、その社員の中から会計監査人の職務を行うべき者を選定し、これを組合に通知しなければならないことになっています（法37条の3第1項→会社法337条2項）。

　会計監査人の選任は、総会の決議によります（法37条の3第1項→会社法329条1項）が、会計監査人の員数については、とくに規制はありません。また、その任期は1年（選任後1年以内に終了する事業年度のうち最終のものに関する通常総会の終結の時まで）で、この任期中の最終事業年度に関する通常総会において別段の決議がされなかったときは、その総会において再任されたものとみなされます（法37条の3第1項→会社法338条1・2項）。

　なお、会計監査人と組合との関係は委任に関する規定に従います（法37条の3第1項→30条の3）ので、会計監査人は、いつでも辞任することができ、また総会の決議をもっていつでも解任することができます（法37条

の３第１項→会社法329条条１項)。ただし、その解任につき正当な理由が
ないときは、会計監査人は組合に対し、解任によって生じた損害の賠償を
請求することができることとされています（法37条の３第１項→会社法
339条)。

解　説

　会計監査人は、平成27年の法律改正によって一定規模以上の組合に設置が
義務づけられるようになったもので、改正前においては全国農協中央会が担
っていた計算書類等の監査を組合の「機関」の１つとして担います。ただし、
改正前の全国農協中央会の場合の監査とは異なり、会計監査人の職務はもっ
ぱら会計監査であり、その監査対象からは事業報告とその附属明細書は除外
されています。

　平成27年の改正の経過措置によって、計算書類等の決算監査に関係する規
定は、改正法（平成27年法律第63号）の施行日（平成28年４月１日）から起
算して３年６月を経過した日から適用することとされていますので、それま
では全国農協中央会が決算監査を行うことになります。ただし、この経過期
間中であれ組合が会計監査人を設置することは任意であり、会計監査人を設
置した組合については改正後の規定が適用となり、会計監査人の監査を受け
ることになります（改正法附則７条)。

　会計監査人の資格は、前述のとおりですが、①公認会計士法の規定により、
その計算書類等について監査することができない者、②組合の子会社等もし
くはその取締役、会計参与、監査役もしくは執行役から公認会計士もしくは
監査法人の業務以外の業務により継続的な報酬を受けている者またはその配
偶者、および③監査法人でその社員の半数以上が②に掲げる者であるものは、
会計監査人となることはできません（法37条の３第１項→会社法337条３項)。

　会計監査人の選・解任および不再任の決議は、総会の決議をもって行いま

すが、その議案の内容は、監事の過半数をもって決します（法37条の3第1
項→会社法344条1・2項）。なお、会計監査人に職務上の任務懈怠、非行、
心身の故障により任務に堪えない事情がある場合には、監事全員の同意をも
ってその会計監査人を解任することができることとされ（法37条の3第1項・
39条3項＝会社法340条1・2項）、この場合には、監事の互選によって定め
た監事は、その旨および解任の理由を解任後最初に招集される総会に報告し
なければならないことになっています（法37条の3第1項・39条3項→会社
法340条3項）。

　一方、会計監査人にあっては、総会において会計監査人の選任、解任もし
くは不再任または辞任について、総会に出席して意見を述べることができ（法
37条の3第1項→会社法345条条1項）、そして辞任し、または解任された会
計監査人は、辞任後または解任後最初に招集される総会に出席して、辞任し
た旨およびその理由または解任についての意見を述べることができることと
されています（法37条の3第1項→会社法345条条2項）。このため、理事
（経営管理委員設置組合にあっては、経営管理委員）は、辞任した会計監査
人に対し、意見等を述べるべき総会を招集すること、ならびに総会の日時お
よび場所を通知しなければならないことになっています（法37条の3第1項
→会社法345条条3項）。

　このほかの会計監査人の終任事由は、監事の場合と同じですが、組合の解
散によってもその地位を失う点で監事とは異なります。

　ところで、会計監査人についても欠員となることや定款で定める員数を欠
くことがありますが、その場合において、遅滞なく会計監査人が選任されな
いときは、監事は、その全員の同意により一時会計監査人の職務を行うべき
者を選任しなければならないこととされています（法39条2項、3項→会社
法340条2項）。

16 会計監査人の権利義務

❀　会計監査人の職務は、組合の計算書類等を監査し、会計監査報告を作成することです（法37条の３第１項→会社法396条１項）。このため会計監査人には次のような権限が与えられています。

① **会計帳簿、資料の閲覧・謄写権**

　　会計監査人は、いつでも、会計帳簿およびこれに関する資料の閲覧・謄写をすることができます（法37条の３第１項→会社法396条２項）。

　　相当な理由がないのに閲覧または謄写を拒むことは、過料の制裁の対象となります（法101条１項38号）

② **理事等に対する報告請求権**

　　会計監査人は、いつでも、理事および経営管理委員ならびに参事その他の使用人に対し、会計に関する報告を求めることができます（法37条の３第１項→会社法396条２項柱書）。

③ **子会社等の調査権**

　　会計監査人は、その職務を行うため必要があるときは、子会社等に対して会計に関する報告を求め、また、子会社等の業務・財産の状況を調査することができます（法37条の３第１項→会社法396条３項）。これに対し、子会社等は、正当な理由があるときは、報告請求や業務・財産調査を拒むことができることとされています（法37条の３第１項→会社法396条４項）。

❀　組合と会計監査人との関係は、委任に関する規定に従います（法37条の３第１項→30条の３）ので、会計監査人は、組合に対して善管注意義務を負います（民644条）。このほか、農協法は会計監査人の義務に関し、次のような定めを置いています。

　　なお、会計監査人が任務を怠ったときは、組合に対し、連帯してこれに

よって生じた損害賠償の責任を負うほか、会計監査報告に記載し、または記載すべき重要な事項について虚偽の記載等をしたときは、それにつき注意を怠らなかったことを証明できない限り、これによって第三者に生じた損害を連帯して賠償する責任を負います（法37条の3第2項→35条の6）。

① 不正行為等の報告義務

　　会計監査人は、その職務を行うに際して理事および経営管理委員の職務の執行に関し、不正の行為または法令・定款に違反する重大な事実があることを発見したときは、遅滞なく、これを監事に報告しなければなりません（法37条の3第1項→会社397条1項）。これに照応して、監事は、その職務を行うため必要があるときは、会計監査人に対し、その監査に関する報告を求めることができることとされています（法37条の3第1項→会社397条2項）。

② 総会での意見陳述

　　計算書類およびその附属明細書が法令または定款に適合するかどうかについて会計監査人が監事と意見を異にするときは、会計監査人（監査法人である場合にはその職務を行うべき社員）は、通常総会に出席して意見を述べることができることになっています（法37条の3第1項→会社398条1項）。なお、通常総会において会計監査人の出席を求める決議があったときは、会計監査人は、通常総会に出席して意見を述べなければなりません（法37条の3第1項→会社398条2項）。

㊟　会計監査人の報酬は、組合が定めることになりますが、役員とは異なり、定款や総会の議決をもって定める必要はありません。したがって、会計監査人の報酬は、会計監査人と組合との監査契約において定められることになりますが、理事が会計監査人（一時会計監査人の職務を行うべき者を含む）の報酬等を定める場合には、その職務の性質に照らして監事の過半数の同意を得なければならないこととしています（法37条の3第1項→会社399条1項）。

　会計監査人の職務は、組合の計算書類等を監査し、会計監査報告を作成することであり、そのために必要な調査権が認められていますが、これらは、組合員の「権利」とは異なり、あくまで機関としての「権限」ですので、行使するか否かがまったく自由というわけではなく、それら権限を善管注意義務をもって適切に行使することは会計監査人の義務でもあるわけです。したがって、会計監査人が適切な監査手続を実施するのに必要な権限を行使せず、そのために虚偽の会計監査報告を提出して、組合に損害を与えた場合は、組合に対して損害賠償責任を負うことになります（法37条の3第2項→35条の6）。

　この会計監査人の組合に対する責任は、後述するように代表訴訟の対象となること、善意・無過失の場合に総会の特別決議をもって一定額を超える部分につき免除できることは、組合の役員の場合と同様です。

　ところで、会計監査人は、会計監査の過程において、理事等の不正行為等を発見しやすい立場にあります。そこで、法律は、会計監査人がその職務を行うに際して理事および経営管理委員の職務の執行に関し、不正の行為または法令・定款に違反する重大な事実があることを発見したときは、遅滞なく、これを監事に報告しなければならないこととしています（法37条の3第1項→会社397条1項）。これは、業務監査は会計監査人の職責ではありませんが、会計監査の際に理事等の不正行為等を発見することがあり得るためです。また、これは監事に業務監査の権限を発動してもらうための報告ですので、不正行為はすべて報告対象となりますが、報告を要するのは法令・定款に違反する重大な事実に限定されているため、報告の要否については、会計監査人が善管注意義務に従って判断しなければならないことになります。

17 役員・会計監査人の責任とは

農協法では、理事、監事および経営管理委員を役員といいます（法30条1項、30条の2第1項）。役員および会計監査人と組合とは委任の関係に立つので（法30条の3、37条の3第1項）、役員または会計監査人は組合に対し、善管注意義務と忠実義務を負うことになります。したがって、これらの義務に違反し組合に対して損害を与えたときには、民法上の債務不履行の一般原則（民法415条）に従い、損害賠償責任を負うことになります。

また、役員または会計監査人が職務遂行上の故意または過失により、第三者の権利または法律上保護される利益を侵害したときには、不法行為として、これによって生じた損害を賠償する責任を負うことになります（民法709条）。

農協法は、組合、組合員および組合債権者の保護を図るため、これら民法の一般原則に加えて、役員の責任に関しての特別の定めを置いています。

1 組合に対する責任

農協法は、役員または会計監査人は、その任務を怠ったときは、組合に対し、これによって生じた損害を賠償する責任を負う旨規定しています（法35条の6第1項、37条の3第2項）。この責任は、委任関係に基づく民法の債務不履行に基づく責任にほかならず、任務懈怠についての故意・過失を要件とする過失責任であり、責任を負うのは過失があった役員または会計監査人です。

責任を負うのは過失のあった役員または会計監査人ですが、責任を負う者が複数いる場合に、それらの者の責任が連帯責任とされる（同条10項、37条の3第2項）点において、債務不履行に関する一般原則に対する特則となっています。

なお、責任原因が理事会の決議にある場合には、決議に賛成した理事（経

営管理委員設置組合にあっては、理事または経営管理委員）は、その行為を
したものとみなされます（同条２項）。ある理事または経営管理委員が決議
に賛成したか否かは、事実問題であって、本来その者の責任を追及する者が
立証すべき事項ですが、訴える側の立証の困難を救うため、決議に参加した
理事で議事録に異議をとどめなかった理事は決議に賛成したと推定されます
（法33条５項、34条10項）。

　この責任は、原則として、総組合員の同意がなければ免除することができ
ないことになっていますが（法35条の６第３項）、「職務を行うにつき善意で
かつ重大な過失がないとき」に限り、一定の条件のもと、総会の特別決議を
もって一定額を超える部分について免除することができることとされていま
す（同条４項、46条５号）。

2　第三者に対する責任

　役員または会計監査人は、組合以外の第三者とは直接的な法律関係はあり
ませんので、役員または会計監査人が直接に第三者に対して不法行為の責任
を負う場合を別にすれば、第三者に対して責任を負うのは組合であって役員
または会計監査人ではありません。

　農協法は、役員または会計監査人がその職務を行うについて、悪意または
重大な過失があったときは、その役員または会計監査人は、第三者に対し連
帯して損害賠償の責を負うこととしています（法35条の６第８項、10項、37
条の３第２項）。

　この責任は、理事にあっては、重要な事項につき貸借対照表、財産目録、
損益計算書、剰余金処分案または損失処理案その他農林水産省令で定めるも
のならびに事業報告ならびにこれらの附属明細書に虚偽の記載または記録を
し、または虚偽の登記もしくは公告をしたとき、監事または会計監査人にあ
っては、監査報告または会計監査報告に記載または記録すべき重要な事項に
つき虚偽の記載等をした場合に認められます（同条９項各号、37条の３第２

項）。この場合、その記載等をなすにつき注意を怠らなかったことを証明しなければ、これらの者はその責任を免れないことになっています（同項本文、37条の３第２項）。

　この農協法に基づく第三者に対する責任は、行為者である役員または会計監査人の第三者に対する権利侵害についての故意・過失を問題にせず、組合に対する任務違反について悪意または重過失（軽過失は除く）があった結果、第三者が直接に損害を被った場合（直接損害）であると、組合が損失を被った結果ひいては第三者が損害を被った場合（間接損害）であるとを問わず認められます。この点で、一般の不法行為責任とは異なりますが、一部の競合する部分があります。なお、第三者には、組合員も含まれます。

　農協法35条の６第１項は、役員は、その任務を怠ったときは、組合に対し、これによって生じた損害を賠償する責任を負う旨規定しており、これを会計監査人の組合に対する責任につき準用しています（法37条の３第２項）。「任務を怠ったとき」とは、善管注意義務または忠実義務に違反することですが、その責任は、代表理事等の重大な任務違反を知りながら必要な措置（理事会の招集など）をとることなく、漫然とこれを放置したような場合にも認められます。なぜなら、理事は、理事の業務執行の監督の権限を有する理事会の構成員たる地位において、また代表理事は、単に理事会の一員として注意を払うばかりではなく、その業務執行者としての地位に基づき他の理事の職務の執行が適正になされるように注意する義務を負うものと解されるからです。

　同様に、監事については、理事の職務執行を監査する機関として、また会計監査人はそれが設置された組合の会計監査の職責を担う「機関」として、善良なる管理者の注意をもってその職務権限を行使すべき義務を負っており、故意または過失によりこの義務に違反した場合において組合に対し損害賠償

責任の責に任ずべきことも当然でしょう。また、経営管理委員についても同様の責任が認められます。経営管理委員は、経営管理委員会の構成員として、組合の重要な業務執行に関する意思決定に関与すると同時に、代表理事等の選・解任権限を有しており、理事の業務執行の職務執行が経営管理委員会の決定した基本方針に従って適正になされるよう監督する義務を負うものと解されるからです。

　なお、この責任は、民法の債務不履行に基づく責任（民法415条）にほかならず、任務懈怠についての故意・過失を要件とする過失責任であり、責任を負うのは過失があった役員または会計監査人で、無過失責任を負うわけではありません。したがって、責任を負うのは過失のあった役員または会計監査人ですが、民法の一般原則と異なるのは、責任を負う者が複数いる場合には、それらの者の責任が連帯責任とされている（法35条の6第10項、37条の3第2項）点です。

　この組合に対する責任は、原則として、総組合員の同意がなければ免除することができません（法35条の6第3項、37条の3第2項）。これは、後述する組合員代表訴訟制度により各組合員は一人でも理事等の責任を追及することができるとしていることと平仄をとるためです。ただし、「職務を行うにつき善意でかつ重大な過失がないとき」に限り、一定の条件のもと、総会の特別決議をもって一定額を超える部分について免除することができることとされています（同条4項、46条5号）。すなわち、賠償責任を負う額から、その在職中に組合から職務執行の対価として受け、または受けるべき財産上の利益の1年間当たりの額に相当する額として農林水産省令で定める方法により算定される額について、代表理事の場合には6年分、代表理事以外の理事または経営管理委員の場合には4年分、監事または会計監査人の場合には2年分を控除した額を限度として免除することが可能です。この決議に際しては、理事（経営管理委員設置組合にあっては、経営管理委員）は、総会において、①責任の原因となった事実および賠償の責任を負う額、②責任のう

ち免除することができる額の限度およびその算定の根拠、ならびに③責任を免除すべき理由および免除額、を開示しなければならないことになっています（法35条の6第5項、37条の3第2項）。また、この責任の免除（理事および経営管理委員の責任の免除に限る）に関する議案を総会に提出するには、各監事の同意を得なければなりません（同条6項、37条の3第2項）。

また、責任免除に関する決議があった後に、免除を受けた役員に対し退職慰労金その他の農林水産省令で定める財産上の利益を与えるときは、他の役員に支給する退職慰労金等の総額を示すだけでは足りず、当該役員に支給する額を明らかにして総会の承認を受けなければなりません（同条7項、37条の3第2項）が、当然でしょう。

ところで、組合は、代表理事その他の代表者がその職務を行うについて第三者に損害を与えた場合は、その損害を賠償する責任を負うことになります（法35の4第2項→会社法350条）。これが原則です。理事は、組合に対して委任の関係に立っていますが、第三者に対しては直接に何らの法律関係には立ちませんので、理事が組合に対する職務を怠りその結果第三者に損害を及ぼしたとしても、理事の行為自体に一般の不法行為の要件を備える場合のほかは、当然にはその損害を賠償する責めを負わないはずだからです。

しかし、農協法は、「役員がその職務を行うについて悪意又は重大な過失があつたときは、当該役員は、これによって第三者に生じた損害を賠償する責任を負う」（法35条の6第8項）と、役員の第三者に対する損害賠償責任についての規定を置いており、これを会計監査人の第三者に対する責任につき準用しています（法37条の3第2項）。この規定により、役員または会計監査人の任務懈怠と第三者との損害との間に相当因果関係がある限り、組合が損害を被った結果ひいては第三者が損害を被った場合（間接損害）か、任務懈怠のより直接第三者が損害を被った場合（直接損害）かを問わずに、役員または会計監査人は第三者に対し責任を負うことになります。

このように、農協法35条の6第8項の定める役員または会計監査人の第三

者に対する責任は、一般の不法行為責任とその成立要件を異にし、一般の不法行為の規定により損害の賠償を請求しうる場合であっても、本条の規定によれば、第三者は、役員または会計監査人の職務懈怠につき悪意または重過失があることを主張・立証しさえすれば、自己に対する加害につき故意または過失のあることを主張・立証しなくても、役員または会計監査人に対して損害賠償を求めることができることになります。

※　故意と過失

「故意」とは、刑事上は「罪を犯す意」と同じ意味ですが、民事上は、ある一定の結果が生じることを欲してわざと行為をしたような場合に加え、結果を認識しつつ債務の履行を怠り、または結果を認識しつつ何らの行為もしないことをも意味する点で少し異なります。

これに対し「過失」とは、簡単にいえば必要な注意義務を尽くすのを怠り、または合理的な努力も欠くことをいいます。したがって、法律上要請される注意義務を尽くしたにもかかわらず認識できなかった場合には過失がないことになります。また、たとえば損害の発生は予測でき、損害の発生を防止する義務が認められるにかかわらず、何の措置も講じなかったような場合には、過失が認められることになります。

なお、民事上は、原則として責任の要件その他の法律効果に関して「故意」と「過失」とを同一に取扱っています（たとえば、民法709条は「故意または過失によって」と、415条は、債務不履行の要件として「債務の本旨に従った履行をしないとき」および「債務者の責めに帰すべき事由によって」とひとくくりにしています）。

※ 補償契約および役員等賠償責任保険契約

　役員等が職務の執行のため過失なく受けた損害については、特別な契約を締結しなくても組合と役員等との関係（委任関係）および民法650条（受任者による費用等の償還請求等）の規定に基づき、組合が補償できるはずですが、令和元年の改正（令和元年法律第71号）により、補償契約という契約を組合と役員等との間で締結して、それに基づいて補償がされる場合について、その手続等に関する規定が設けられました。

　また、従来、役員賠償責任保険（D&O保険ともいう）に関しては、その保険料を組合が負担してよいかについて解釈上の疑義があり、保険料のうち、代表訴訟担保特約（代表訴訟に敗訴した場合における損害賠償金と訴訟費用を担保する特約）部分は、税務上、役員報酬とみなされる当該保険料相当分は役員報酬の一部から役員個人が負担するといった実務が行われきてたところです。令和元年の改正では、上記の役員補償に関する規定とともに新たに役員等のために締結される保険契約に関する規定が新設され、解釈や手続上の疑義について対処することとされました。

18 組合員代表訴訟・違法行為差止請求とは

1　代表訴訟とは

（1）役員または会計監査人の任務懈怠によって組合が損害を被ったときに役員または会計監査人に対する損害賠償の訴えを提起する権利は、組合が有しているわけですが、組合が訴えの提起を怠っているときに、組合員が組合に代わって組合の提訴権の行使を認めたのが、組合員代表訴訟です。

（2）代表訴訟を提起できる者は、6か月（これを下回る期間を定款で定めた場合には、その期間）前から引続き組合員である者です（法41条→会社法847条1項）。この6か月前から引続き組合員であることの要件は、組合に対して訴え提起を請求する時から、また、その請求をしないで直ちに訴えを提起できる場合にはその訴えの提起の時から、訴訟の終了に至るまで継続して存しなければなりません。なお、濫訴防止の観点から、訴えがその組合員もしくは第三者の不正な利益を図り、または組合に損害を加えることを目的とする場合には、訴えの提起を請求できないとされています（法41条→会社法847条1項ただし書）。

（3）組合員が代表訴訟を提起するには、原則として、まず組合に対して役員等の責任を追及する訴えの提起を請求することを要し、請求のあった日から60日以内に組合が訴えを提起しない場合に、はじめて自ら訴えを提起することができることになっています（法41条→会社法847条3項）。これには例外があり、組合に対する請求後60日の経過を待って訴えを提起したのでは組合に回復すべからざる損害を生ずるおそれがある場合には、組合に対して請求をしないで直ちに代表訴訟を提起し、あるいはすでに訴えの提起を請求した場合であっても、60日の経過を待つことなく

直ちに訴えを提起することができます（法41条→会社法847条5項）。

　なお、組合が、請求があった日から60日以内に訴えを提起しない場合において、その請求をした組合員から請求を受けたときは、遅滞なく、訴えを提起しない理由を通知しなければならないとされています（法41条→会社法847条4項）。この不提訴通知の作成義務者は、組合を代表して請求対象者に対する訴えを提起する権限のある者であり、理事または経営管理委員会の責任の追及に関しては、監事であることはいうまでもありません（法35条の5第5項→会社法386条2項2号）。

（4）代表訴訟の判決の効果は、勝訴・敗訴とも組合に及ぶことになり、勝訴した場合でも原告組合員は組合に対して給付を求めることができるに過ぎません。そこで、法律は、代表訴訟を提起した組合員が勝訴（一部勝訴を含む）した場合においては、その訴訟を行うのに必要と認むべき費用（訴訟費用を除く）を支出したとき、または弁護士に報酬を支払うべきときは、その組合員は、組合に対し、その費用の額の範囲内またはその弁護士報酬のうち相当額の支払いを請求することができることとされています（法41条→会社法852条1項）。一方、代表訴訟を提起した組合員が敗訴した場合において、悪意があった場合、すなわち組合を害することを知って不適当な訴訟遂行をした場合には、組合員は組合に対して損害賠償の責めを負います（法41条→会社法852条2項）。なお、敗訴した組合員が訴訟費用を自ら負担しなければならないことはもちろん（民訴法61条）、組合員が役員に責任がないことを知りながら訴えを提起したような場合には、その理事に対して不法行為による損害賠償の責めを負うことになります（民法709条）。

2　違法行為差止請求とは

　理事が法令・定款に違反した行為を行った場合には、組合に対して損害賠償責任を負うことになりますが、組合員による代表訴訟等による事後的な救

済ではなく、そのような行為がなされる前に防止できることが望ましいわけです。

　組合としては理事のそのような行為を差し止める権利が当然にあることになりますが、組合がそれを怠ることもありえるため、組合員には、理事が組合の目的の範囲外の行為その他法令もしくは定款に違反する行為をし、またはこれらの行為をするおそれがある場合において、組合に回復すべからざる損害を生ずるおそれがある場合に限って、その理事に対し、その行為をやめることを請求することが認められています（法35条の４第１項→会社法360条１項）。

　差止の請求ができる者は、組合員の代表訴訟制度の場合と同じです（法35条の４第１項→会社法360条１項）。差止権の行使は、必ずしも訴えによる必要はなく、組合員が違法行為をなそうとする理事に対して、その行為を止めるべきことを裁判外で請求することもできます。これにより有効に目的を達成することができない場合、組合員は、その理事を被告として組合のために差止の訴えを提起し、その訴えに基づく仮処分をもってその行為を差し止めることができます。

1　代表訴訟

　組合員の代表訴訟とは、組合が役員の組合に対する責任を追及する訴えの提起を怠っているときに、個々の組合員が自ら組合のために役員の責任を追及する訴訟であり、平成４年の農協法の一部改正により、理事会制度と代表理事制度が採用されたことの一環として、旧商法の規定の準用により導入されたものです。わが国には、昭和25年の改正により取締役の権限拡大に対応してアメリカの法制度にならって導入されたものです。

　理事の組合に対する責任は、本来、組合自体が追及するのが当然です。そ

の場合、理事または経営管理委員の責任を追及する場合には、監事が訴えの提起を決定し、かつ、組合を代表することになり（法35条の5第5項→会社法386条）、監事の組合に対する責任を訴えをもって追及する場合には、代表理事が訴えの提起を決定し、かつ、組合を代表することになります（法35条の3第2項）。しかし、役員間の特殊な関係から、組合自身が積極的に役員の責任を追及することは期待し難く、そのために組合の利益が害され、ひいては組合員の利益が害されることとなります。そこで、組合が役員の責任の追及を怠る場合には、個々の組合員が組合のため、自ら役員の責任の追及の訴えを提起できるようにし、組合の利益の回復、ひいては組合員の利益の回復を図ろうとしたものが代表訴訟の制度です。

　代表訴訟の対象となる責任は、役員または会計監査人の組合に対する責任ですが、損害賠償責任だけでなく、その取引上の債務をも含むというのが会社法における従来の多数説です。農協法所定の責任と解するとしても、その在任中に負担した債務の履行をしないような場合には、忠実義務の責任を追及できると解されなくはありませんので、取引上の債務を除外すべき理由はないと思われます。

　組合員が代表訴訟を提起するには、原則として、まず組合に対して書面（電磁的方法によることも可）をもって役員の責任を追及する訴えの提起を請求することを要し、請求のあった日から60日以内に組合が訴えを提起しない場合に、はじめて自ら訴えを提起することができます（法41条→会社法847条3項）。この請求には、訴えを提起すべき旨の請求はもとより、被告たるべき者の氏名・その責任発生の原因たる事実をも記載しなければなりません。請求の宛先は、役員等・組合間の訴訟について組合を代表すべき者、すなわち、理事または経営管理委員の責任を追及する場合には監事であり、監事または会計監査人の責任を追及する場合には代表理事となります（法35条の5第5項→会社法386条1項1号、法35条の3第2項）。

　なお、組合が、請求があっても訴えを提起しない場合には、その請求をし

た組合員から請求を受けたときは、遅滞なく、訴えを提起しない理由を書面
（電磁的方法によることも可）により通知しなければならないとされていま
す（法41条→会社法847条4項）。この不提訴通知の作成義務者は、組合を代
表して請求対象者に対する訴えを提起する権限のある者であり、理事または
経営管理委員会の責任の追及に関しては、監事であることはいうまでもあり
ません（法35条の5第5項→会社法386条2項2号）。この場合、通知しなけ
ればならない事項は、①組合が行った調査の内容（次の②の判断の基礎とし
た資料を含む）、②請求対象者の責任または義務の有無についての判断、③
請求対象者に責任または義務があると判断した場合において、責任追及の訴
えを提起しないときは、その理由、となっています（規則86条）。訴えの請
求が口頭による場合、請求に必要な事項の記載を欠く場合、または農協法41
条で準用する会社法847条1項ただし書に該当する場合（提訴請求権の濫用
である不当な訴えの請求に当たる場合）には、不提訴理由の通知の請求の前
提を欠きますので、このような場合には通知は必要ありません。

　なお、組合員が代表訴訟を提起したときは、遅滞なく、組合に対して訴訟
告知をしなければならず、また組合が責任追及の訴えを提起したとき、また
は組合員から訴訟告知を受けたときは、遅滞なく、その旨を公告または組合
員に通知しなければならないことになっています（法41条→会社法849条4
項・5項）。これは、当事者の訴訟参加を保障するためです。代表訴訟を提
起する手数料は、「財産上の請求でない」とみなされ（法41条→会社法847条
の4第1項）、民事訴訟費用等に関する法律により、一律訴額が160万円とな
るので（同法4条2項）、代表訴訟を提起する手数料は、13,000円です。

　組合員が代表訴訟を提起した場合において、被告たる役員がその訴えの提
起が悪意に出たものであることを疎明して請求したときは、裁判所は相当の
担保を立てるべきことを命ずることができることとされています（法41条→
会社法847条の4第2項・3項）。ここにいう悪意とは、原告組合員が被告役
員を害することを知ることであり、不当に被告役員を害する意思のあること

までを要せず、また、悪意は被告たる役員に対してであって、組合に対する悪意ではありません。

　役員の責任を追及する訴えについては、原告と被告の馴合訴訟の弊害を防止する観点から、組合員または組合による訴訟の参加と再審の訴えが認められています。ここにいう役員の責任を追及する訴えとは、組合員の代表訴訟に限らず、組合自体が役員の責任を追及する訴えをも包含します。なお、組合員が訴訟参加する場合、その組合員は、すでに提起された訴えへの参加であることから、代表訴訟を提起する場合と異なり、6か月前から引き続いて組合員であることを要しません。なお、組合が理事・経営管理委員または理事・経営管理委員であった者を補助するために訴訟に参加する場合には、監事全員の同意が必要となっています（法41条→会社法849条3項1号）。

　また、役員の責任を追及する訴えの提起があった場合において、原告と被告の共謀により訴訟の目的たる組合の権利を詐害する目的で判決をなさしめたとき、たとえば、馴合訴訟により故意に少額の請求をなし、または敗訴の結果をもたらしたような場合には、組合または組合員は、確定の終局判決に対し、再審の訴えをもって不服の申立てをすることができます（法41条→会社法853条1項）。

　組合が訴訟上の和解をすることは可能ですが、その場合には、責任免除につき総組合員の同意を要するとする農協法35条の6第3項の規定の適用はありません（法41条→会社法850条1項、4項）。なお、組合が和解当事者でないときには、裁判所は、組合に対して和解の内容を通知し、かつ、その和解に異議があるときは2週間以内に異議を述べるべき旨を催告しなければならず、組合がその期間内に異議を述べなかったときは、通知の内容で和解することを承認したものとみなされます（法41条→会社法850条2項・3項）。これにより、和解調書は、確定判決と同一の効力を有することになります。

　代表訴訟を提起した組合員が勝訴（一部勝訴を含む）した場合においては、組合員はその支出した費用（訴訟費用を除く調査費用等）と弁護士報酬額の

うち相当額の支払いを組合に請求することができます（法41条→会社法852条１項）。一方、代表訴訟を提起した組合員が敗訴した場合には、悪意があった場合、すなわち組合を害することを知って不適当な訴訟の追及をした場合には、組合員は組合に対して損害賠償の責めを負うこととされています（法41条→会社法852条２項）。なお、敗訴した組合員が訴訟費用を自ら負担しなければならないことはもちろん（民訴法61条）、組合員が役員に責任がないことを知りながら訴えを提起したような場合には、その役員に対して不法行為による損害賠償の責めを負うことになります（民法709条）。

2　違法行為差止請求

組合員の理事の違法行為の差止請求権とは、理事が法令または定款に違反する行為（違法行為）をしようとする場合に、個々の組合員が、組合のために理事に対して、その行為の差止を請求する権利です。理事の違法行為は、本来、理事会等による監督権の発動により（法32条３項）、また監事による違法行為の差止請求によって行われるべきですが、それが行われない場合に備え、組合員による差止請求を認めたもので、代表訴訟制度とセットで導入されています。この差止請求権は、本来組合に属する権利を組合員が組合に代わって行使するもので、組合員の代表訴訟を提起する権利と同じ考え方に立っており、両者の違いは、理事の責任の追及のための代表訴訟制度が事後救済的であるのに対し、差止の請求は事前阻止的である点にあります。

組合員による差止の請求は、理事が組合の目的の範囲外の行為その他法令もしくは定款に違反する行為をし、またはこれらの行為をするおそれがある場合において、組合に回復すべからざる損害を生ずるおそれがある場合に認められます（法35条の４第１項→会社法360条１項）。組合に回復すべからざる損害を生ずるおそれがある場合というのは、理事が財産を処分してしまうと財産の取戻しができず、しかも、その損害が理事の賠償責任によっては償われないような場合です。なお、差止の対象となるのは、業務の執行に携わる理事の違法行為であって、理事会または経営管理委員会の議題が法令また

は定款に違反する事項に関するものであっても、その決議自体を差し止めることはできません。このような違法な決議の成立を阻止するのは、各理事・経営管理委員および監事の任務だからです。

　差止の請求をなしうる者は、組合員の代表訴訟制度の場合と同じですが、代表訴訟制度の場合と異なり、事前に組合に対して差し止めるべきことを請求する必要はなく、自ら、直ちに差止の訴えを提起することができます。これは、そうしなければ差止の目的を達成することができなくなるからにほかなりません。

19 参事および会計主任とは

㊉　参事とは、組合に代わってその事業に関する一切の裁判上または裁判
外の行為をなす権限を有する使用人です（法42条3項→会社法11条）。し
たがって、参事は代表機関の補助者にすぎませんが、その職務権限が広範
に及ぶことから、農協法は、その選任・解任等につき特別の定めを置いて
います。

（1）参事の選任・退任

参事は、理事会の決議によって選任されます（法42条1項）。参事の権限は、
その置かれた事務所によって限定されるので、従たる事務所を有する組合に
おける参事の選任にあっては、その参事の担当する事務所もあわせて定めな
ければなりません（同条1項、登記令6条1項）。

参事を選任したときは、主たる事務所の所在地において、参事の氏名およ
び住所とともに参事を置いた事務所を登記しなければならず（法9条1項→
登記令6条1項）、登記を怠るときは、第三者に対して選任を対抗すること
ができません（法9条2項）。

参事たる地位は、参事たる地位の前提となっている組合と参事との法律関
係、すなわち雇用関係ないしは委任関係の終了にともなって当然に消滅する
ことになります。雇用関係の解消については、労働基準法など労働法の制約
を受けます。委任関係については、代理権および委任の終了事由である参事
の死亡、破産手続開始の決定および後見開始の審判を受けた場合に終了しま
す（民法111条、653条）。

委任関係は、組合からも参事からも自由に解除できます（民法627条、651
条）が、組合からする契約の解除は理事会の決議が必要です（法42条2項）。

また、当該組合の正組合員は、総正組合員の10分の1（これを下回る割合
を定款で定めた場合にあっては、その割合）の同意をえて参事の解任を請求

することができます（法43条１項）。この場合、その請求は解任の理由を記載した書面を理事に提出することを要し（同条２項）、適法な解任請求であるときには、理事会は、当該参事の解任の可否を決しなければなりません（同条３項）。この場合、代表理事は、７日前までに当該参事に対し、請求書面またはその写しを送付して通知し、弁明の機会を与えなければなりません（同条４項）。

参事の代理権が消滅したときは、２週間以内にその主たる事務所の所在地において登記しなければなりません（登記令６条３項）。

（２）参事の権限

参事は、前述のように、組合に代わってその事業に関する一切の裁判上または裁判外の行為をする権限を有します（法42条３項→会社法11条１項）が、代表理事と異なり、主たる事務所または従たる事務所の事業に関する代理権に限定されている点で、代表理事の代理権（代表権）とは異なります。参事の代理権は、主たる事務所または従たる事務所の事業の全般に及ぶ包括的な権限で、その範囲が法律により客観的に定められており、その代理権に加えた制限は、これをもって善意の第三者に対抗することができません（法42条３項→会社法11条３項）。

「裁判上の行為」とは、訴訟行為を意味し、参事は、その置かれた事務所の事業に関し、いずれの審級の裁判所においても、自ら組合の訴訟代理人となることができ、また、別に訴訟代理人（弁護士）を選任することもできます。「裁判外の行為」とは、組合の事業に関する行為であり、法律行為だけでなく準法律行為および事実行為も含みます。

（３）参事の義務

参事と組合との間の権利・義務は、雇用契約または委任契約に関する規定によって律せられますが、参事の職務権限の重要性に鑑みて、農協法は特別の不作為義務を課しています。

すなわち、参事は、組合の許可を受けなければ、①自ら営業を行うこと、

②自己または第三者のために組合の事業の部類に属する取引をすること、③他の組合、会社または商人の使用人となること、④他の組合の理事、会社の取締役、執行役または業務を執行する社員となることが禁じられています（法42条3項→会社法12条1項）。これに違反し、参事が自己または第三者のために組合の事業の部類に属する取引をしたときは、それによって支配人または第三者が得た利益の額は、組合に生じた損害の額と推定されます（法42条3項→会社法12条2項）。さらに参事に選任された者は、組合の常務に従事する役員と同様、専ら組合の業務に専念すべきですので、一定の例外を除き、他の組合もしくは法人の職務に従事し、または事業を営んではならないとされています（法30条の5第1項）。

2　会計主任

　農協法は、組合が、参事のほかに会計主任を選任して、その主たる事務所または従たる事務所において、その業務を行わせることができるものとしています（法42条1項）。その権限については法律にとくに定めがなく、参事の権限との関係も明らかではありませんが、その名称などから、理事の業務執行権能のうち、その置かれた事務所における会計処理業務の執行権能を行うものと解されています。

　その選任および解任は、理事会の決議によるべきこと（法42条2項）、組合員からの改任請求の対象となること（法43条）は、参事の場合と同様です。

　参事とは、組合に代わってその事業に関する一切の裁判上または裁判外の行為をなす権限を有する使用人です（法42条3項→会社法11条）。このように、参事は包括的代理権を有していますが、農協法が参事の制度を設けた趣旨は、理事となる者の資格を制限したことに関連し、組合の事務執行を遺憾なから

しめるためであるとされています。ただし、その代理権は、理事会の決議を
もって定められた主たる事務所または従たる事務所の業務に限定される点で、
代表理事の包括的代理権（代表権）とは異なります。したがって、参事は代
表機関の補助者にすぎません。

　参事の選任は、理事会の決議を要します（法42条２項）が、参事の権限は、
その置かれた事務所によって限定されますので、従たる事務所を有する組合
における参事の選任にあっては、その参事の担当する事務所もあわせて定め
なければなりません（同条１項、３項→登記令６条１項）。なお、主たる事
務所と従たる事務所を通じて１人の参事を置くことも可能ですが、当該参事
は数個の参事の代理権を兼ねていることとなり、その場合の参事の登記は事
務所ごとにすることが必要になります。

　参事は、理事会の選任決議によって自動的に参事となるわけではなく、自
己の意思に基づいて参事に就任することになりますので、組合と参事との間
には、明示的であれ黙示的であれ任用契約の存在が認められます。この任用
契約としては、使用人としての契約とは別に独立して委任契約が締結されて
参事に就任する場合と、使用人となる雇用契約のなかに混然一体として参事
に就任する委任契約が含まれると解される場合とがあります。

　参事たる地位は、参事たる地位の前提となっている組合と参事との法律関
係、すなわち雇用関係ないしは委任関係の終了にともなって当然に消滅する
ことになりますが、雇用関係の解消については、労働基準法など労働法の制
約を受けます。委任関係については、代理権および委任の終了事由である参
事の死亡、破産手続開始の決定および後見開始の審判を受けた場合に終了す
ることになります（民法111条、653条）。なお、参事は、代表理事等と同様
に事業の継続を前提とする制度ですので、組合の解散によって参事はその地
位を失うと解されます。

　なお、主たる事務所または従たる事務所における事業執行の主任者たるこ
とを示すべき名称を付した使用人（支店長、支所長などがその代表的な例）

は、参事に選任されていなくても、法律上、裁判外の行為に限り、善意の相手方との関係では参事と同一の権限を有するものとみなされます（法42条3項→会社法13条）。このみなされた使用人を「表見参事」といいますが、これは表示における禁反言の法理あるいは外観保護の法理に基づくもので、取引の安全の見地から外観を信じた取引の相手方を保護しようとするものです。同じ趣旨によるものに、表見代表理事（法35条の4第2項→会社法354条）の制度があります。

VII

農協の財務・会計

1 会計に関する規制

　法律による規制に従った会計のことを制度会計といいます。組合を合理的
かつ効率的に運営していくためであれば、会計に関する規制を設ける必要は
なく、企業の内部の当事者に委ねれば済むはずです。しかし、その構成員と
は独立した会計主体（組合）の会計処理の適否は、その構成員である組合員
はもとより、会計主体の財産だけが頼りの債権者の利害に大きな影響を及ぼ
すことになります。そこで、構成員の利益保護と債権者保護との調整を図る
ための会計制度が必要となります。

　この構成員と債権者との利害調整は、後述するように剰余金処分に関する
規制となって最終的にはあらわれていますが、そこに至るまでの会計につき、
農協法は会社法会計に準じ詳細な規制を行っています（規則182条以下）。そ
して、その基本的前提ともいうべき次のような原則的かつ包括的な規定を置
いています。

1　会計の原則

　組合の会計は、一般に公正妥当と認められる会計の慣行に従うものとされ
ています（法50条の5）。

　「会計の慣行」が何かは問題であり、すでに行われている事実に限らず、
公正なものであれば会計慣行にまでなっていない基準であっても採用するこ
とは妨げられないと解されていますが、公正な会計慣行が存在している場合
において新たな会計基準が設定された場合に、いつの時点で法的効力のある
会計規範となるかは問題が少なくありません。

　「公正妥当と認められる」というのは、組合の財産および損益の状態を明
らかにするという目的に照らしての判断であって、理論的には会計慣行であ
っても、法律の観点から「公正」であると評価されないかぎり斟酌すること

を要求されないだけでなく、適用してはならないこととなります。農協法が、会社法などのように「企業会計の慣行」といわず、単に「会計の慣行」と規定したのは、営利企業において妥当と認められる会計慣行であっても協同組合である組合の会計に適用するのは不適当ないしは不適切なものがあることを前提にしたものだといえます。

2　会計帳簿

　組合は、農林水産省令で定めるところにより、適時に正確な会計帳簿を作成しなければなりません（法50条の6第1項）。これは、会計の一般原則である「正規の簿記」の原則に相当するものです。なお、「適時に」という文言が使われていますが、これは、適時性を欠いた記帳は人為的に数値を調整するなどの不正が行われる温床ともなりかねないことから、明文で規定したとされています。

　組合は、会計帳簿の閉鎖の時から10年間、その会計帳簿および事業に関する重要な資料を保存しなければなりません（同条2項→会社法432条2項）。

　なお、農協法上、会計帳簿についての定義規定は置かれていませんが、会計帳簿の作成および保存に関する会社法432条2項および裁判所による会計帳簿の提出命令に関する434条の規定を準用していますので（法50条の6第2項）、会社計算規則にいう「会計帳簿」と同じ意味になります。すなわち、会計帳簿とは、貸借対照表・損益計算書等の作成の基礎となる帳簿であり、一定の時期における事業上の財産とその価額、一定期間における事業上の財産の増減に影響を及ぼす事項を記載する帳簿です。具体的には、それは、日々の取引を発生順に網羅的に記載する日記帳、日記帳に記載した日々の取引を仕訳する仕訳帳、仕訳された取引を口座別に分類して転記する総勘定元帳、これらの帳簿に付随する現金出納帳等の補助帳簿からなります。なお、電磁的記録によって作成する場合には、これらの機能を有する記録が会計帳簿にあたります。

また、保存義務（法50条の6第2項→会社法432条2項）がある「その事業に関する重要な資料」とは、会計帳簿には含まれない伝票（伝票を仕訳帳に代用する場合には伝票が会計帳簿にあたる）や受取書のほか、会計帳簿への記載（または記録）の基となっている契約書等がこれにあたります。

　この会計帳簿については、株式会社の場合と異なり、組合員による閲覧請求の対象とはされてはいません。

　会計とは、ある経済主体の経済活動を貨幣という手段をもちいて測定・記録・評価し、利害関係を有する者の意思決定を行うに有用な情報を提供するための仕組です。

　その所有主と別個の独立した権利義務の主体としての企業についての会計が成立するための基礎的前提として広く認められているものに、企業会計の三大コンベンション（会計公準）があります。すなわち、①企業実体の公準、②継続企業の公準（会計期間の公準）および③貨幣的測定の公準（貨幣評価の公準）の三つです。「企業実体の公準」とは、企業自体をその構成員とは独立した会計主体とすることであり、基本の大前提であるのはいうまでもないでしょう。「継続企業の公準」とは、企業は半永久的にその活動を継続するもの（ゴーイング・コンサーン）として、人為的な期間区分をして会計を行うことであり、会計期間ごとにいわゆる財務諸表が作成されることを根拠づける前提です。最後の「貨幣的測定の公準」というのは、会計のあらゆる計算は、測定尺度としての客観的な貨幣額が用いられるとするものです。いずれを欠いても会計制度が成り立たないのは明らかでしょう。

　会計は、法律がなければ成り立たないものではありませんが、取引を記録し、事業および財産の状況を明瞭にして事業活動の成果を正確に把握しておくことは、組合が合理的な経営を行うためには必要不可欠であるばかりでな

く、組合の財政状態が健全に保たれているかどうかについては債権者も大きな利害をもちます。債権者にとっては、債権者に対し間接有限責任をもつ組合員だけで構成されている組合にあっては、組合の財産だけが唯一の担保となるからです。このように会計は、経営を受託する役員（経営者）にとって重要であるばかりでなく、とくに剰余金の処分をめぐっては組合員や債権者の利益の調整の必要性があることから、法律は会計処理に必要な介入をしているわけです。また、法律の規制のもとでの会計情報は、税務当局における課税のための情報や行政庁における監督にとって必要な情報としての意味をも有するものとなります。

　会計の機能は、単に組合自身の便宜のためだけでなく、社会的にも重要な意義を有するものとなり、今日では、農協法の会計に関する規制は、ほぼ株式会社の計算に関する規制と同様となってきています。会計制度としての目的・意義は、大きく分けて①組合員と組合の債権者への情報の提供と、②組合員と債権者の利害調整のための剰余金処分の規制とであり、この2点においては、基本的には株式会社のそれと同じであるためです。ただし、協同組合と株式会社、とりわけ主として投資家保護を目的とする公開会社とでは、その性格も目的も異なるために、会計の目的も剰余金の処分をめぐる会計や勘定の名称その他事業の特性からくるところの違いも存在することを忘れてはなりません。

　しかしながら、最近の傾向としては、会計情報の提供という面では債権者と投資家とを同一視する考え方が強くなってきており、公開会社に関するいわゆる金融商品取引法会計（従来の証取法会計）の影響を強く受けるようになってきています。

2 決算書類とその監査

✴ 理事は、組合成立の日の貸借対照表（非出資組合にあっては、財産目録）と、事業年度ごとに、非出資組合にあっては財産目録および事業報告を、出資組合にあっては貸借対照表、損益計算書、剰余金処分案または損失処理案その他組合の財産および損益の状況を示すために必要かつ適当なものとして農林水産省令で定めるもの（以下「計算書類」という）ならびに事業報告ならびにこれらの附属明細書を作成しなければなりません（法36条1項・2項）。

✴ 毎事業年度ごとに作成すべきこれらの書類（以下「決算書類」いう）は、監事の監査（会計監査人設置組合の計算書類およびその附属明細書にあっては、監事の監査および会計監査人の監査）を受け、理事会（経営管理委員設置組合にあっては、理事会および経営管理委員会）の承認を受けなければなりません（同条5項・6項）。

✴ 理事（経営管理委員設置組合にあっては、経営管理委員）は、通常総会の招集通知に際して、理事会等の承認を受けた決算書類を監事の監査報告（会計監査人設置組合にあっては会計監査報告を含む）とともに、組合員に提供するとともに、理事は、総会に、これらの書類（以下「決算関係書類」という）を提出（または提供）し、決算書類（附属明細書を除く）についてはその決議を受けなければなりません（同条6項〜8項、44条1項5号）。

　なお、会計監査人設置組合にあっては、計算書類（剰余金処分案または損失処理案を除く）については、会計監査人の無限定適正意見があった場合で、かつ、監事の監査報告に会計監査人の監査方法または結果を相当でないと認める意見がない場合には、総会（または総代会）の承認決議は不要とされ、報告で足りることとされています（法37条の2第4項→会社法

439条、施行令23条、規則158条）。

㊜ 総会には、決算関係書類に加えて、信用事業または共済事業を行う農業協同組合連合会その他農林水産省令で定める一定の組合を除き、理事は、部門別損益計算書を作成し、総会に提出（または提供）しなければならないことになっています（法37条１項）。

㊜ 理事は、決算関係書類を、通常総会の日の２週間前の日から５年間主たる事務所に、その写しを通常総会の日の２週間前の日から３年間従たる事務所に備え置き、組合員および組合の債権者の閲覧等の用に供することになっています（法36条９項～12項）。

　なお、これとは別に、業務報告書を行政庁に提出することが義務づけられており（法54条の２）、行政庁に提出を要する業務報告書には、剰余金処分計算書やキャッシュ・フロー計算書等が含まれ、さらに子会社等を有する場合には、連結ベースの事業概況書、連結貸借対照表・連結損益計算書、連結剰余金計算書、連結キャッシュ・フロー計算書等の提出が求められています（規則202条）。

解 説

　農協法には、決算書類についての定義は置かれていません。農協法は、貸借対照表、損益計算書、剰余金処分案または損失処理案および個別注記表を「計算書類」と呼んでいます（法36条２項）。農協法では、この計算書類に事業報告およびこれらの附属明細書ならびに監事の監査報告書（会計監査人の会計監査報告を含む）を加えたものを「決算関係書類」としています（法36条７項）。なお、農協法施行規則４章３節を「決算書類」に当てており、それによると決算書類は、部門別損益計算書も含むものとして認識されているように思われますが、ここでは、会計帳簿から作成されるわけではない部門別損益計算書を含まず決算関係書類から監査報告を除いたものを決算書類と

呼んでいます。

　なお、財務諸表というのは、いわゆる金融商品取引法会計上の用語であり、貸借対照表、損益計算書、株主資本等変動計算書、キャッシュ・フロー計算書および附属明細表をいいます（財務諸表規則１条１項）。

　さらに、農協法には、「業務報告書」という用語が行政庁に提出を要する決算に関係した書類を指すものとして用いられていますが（法54条の２）、これは非出資組合にあっては事業概況書（事業の経過、組織および各事業の概況を記載したもので、出資組合の事業報告に相当）と財産目録をいい（規則202条１項）、出資組合にあっては、①事業概況書、②貸借対照表、③損益計算書、④キャッシュ・フロー計算書、⑤注記表、⑥附属明細書、⑦剰余金処分計算書または損失金処理計算書、⑧部門別損益計算書および⑨単体自己資本比率の状況およびその他参考となるべき事項を記載した書類をいいます（同条２項）。ただし、当然ながら、貯金等の受入れの事業を行わない農業協同組合および連結キャッシュ・フロー計算書を作成する組合にあっては④の単体のキャッシュ・フロー計算は不要であり、貯金等の受入れの事業を行わない農業協同組合、信連および共済連等にあっては⑧の部門別損益計算書、それに貯金等の受入れの事業を行わない組合にあっては⑨の単体自己資本比率の状況を記載した書類は必要ありません（同項ただし書）。また、子会社等を有する場合には、連結業務報告書を行政庁に提出することが求められており、附属明細書、部門別損益計算書を除き、その構成は単体の業務報告書と同様の内容となっています（同条４項）。

　なお、株式会社の場合とは異なり、農協法には、決算公告に関する規定（会社法440条参照）はありませんが、貯金等の受入れ事業を行う組合または共済事業を行う組合にあっては、事業年度ごとに、行政庁に提出が求められる事項に類する内容を記載した業務および財産の状況に関する説明書類を公衆の縦覧に供しなければならないことになっています（法54条の３、規則206条）。

　ところで、「事業年度」、すなわち会計期間ですが、農協法には事業年度の
期間を直接的に定めた規定はありません（会社計算規則59条２項参照）。事
業年度は、定款で定めなければなりませんが、１年を超える期間を定めても
違法であるといいきれません。ただし、法人税法では、課税所得の計算と法
人税の申告のため、事業年度を人為的に１年にしている（法人税法13条）関
係もあり、実際上は、１年を単位として事業年度を定めることになります。

3 剰余金の処分とは

　農協法では、剰余金は、最終的に組合員に帰属するという前提のもと、協同組合としての特質を考慮しつつ債権者の利益を保護するという観点から剰余金の処分に関する規制をしています。

1　法定準備金

（1）　出資組合は、出資総額の2分の1（貯金または定期積金の受入れの事業を行う組合にあっては、出資総額）以上で定款に定める額に達するまで、毎事業年度の剰余金の10分の1（貯金および定期積金の受入れの事業を行う組合にあっては、5分の1）以上を利益準備金として積み立てなければなりません（法51条1項・2項）。

　　この利益準備金の積立ての方法は、出資組合の定款の絶対的必要記載事項ですので（法28条1項9号）、その定款の定めに従って積み立てなければならないことになります。

　　この利益準備金は、損失のてん補に充てる場合を除いて取り崩すことができないことになっており（法51条5項）、組合の出資を補完することで債権者の利益の確保につながっています。

（2）　資本準備金

　　資本準備金とは、資本取引の結果生じた剰余金を財源とするものであり、本来的に「利益」の配当に充ててはならない性格のものです。したがって、損失のてん補に充てる場合にも利益準備金をもって損失のてん補に充ててもなお不足する場合でなければ、これをもって損失のてん補に充ててはならないものとされています（同条6項）。いわゆる減資差益、合併差益それに分割差益がこれに該当します（同条3項、4項、規則196条の2）。

（3）営農指導・生活文化改善事業資金の繰越し

　このほか、農協法は「組合員のためにする農業の経営及び技術の向上
に関する指導」（法10条１項１号）の事業および「農村の生活及び文化
の改善に関する」事業（同項13号）を行う出資組合は、これらの事業の
費用に充てるため、毎事業年度の剰余金の20分の１以上を翌事業年度に
繰り越さなければならないとしています（法51条７項）。

　これは、利益準備金や資本準備金とはその性格が異なり、協同組合に
とって重要な事業であるものの、「利益」を生む性格の事業ではないので、
そのための必要な資金の一部を強制的に確保させようという趣旨による
ものです。

2　残余の剰余金

　上記の法定の準備金や繰越金を除いた残余の剰余金は、組合員に分配せず
組合に留保するか、それとも組合員に分配するかは原則として任意ですが、
農協法は、組合員に対する剰余金の分配は、「定款で定めるところにより、
組合員の出資組合の事業の利用分量の割合に応じ、又は年８分以内において
政令で定める割合を超えない範囲内で払込済みの出資の額に応じてしなけれ
ばならない」（法52条２項）ことにしています。

　準備金には、法律上その積立を強制される法定準備金と、定款または総会
の決議をもって積み立てる任意準備金とがあります。後者は、一般に任意積
立金と呼ばれるもので、多くの農協等で積み立てられている特別積立金や一
定の目的をもって留保した種々の積立金がこれにあたります。

　法定準備金は、その積立財源の違いに応じて利益準備金と資本準備金とに
分かれます。農協法10条１項１号および13号の事業の費用に充てるために翌

事業年度に繰り越すべきものとされているものも、一種の法定準備金です。

　なお、農協法に定めがあるものではありませんが、資産再評価法に基づく再評価積立金があります。この積立金は、一定の例外を除き、取り崩すことが禁止されており（同法107条）、損失のてん補に充てる場合には、法人税法の利益積立金を、すなわち利益準備および任意準備金のほか資本準備金（税法上の利益積立金に相当する部分に限る）を損失のてん補に充ててなお、不足する金額の範囲内でしか損失のてん補に充てることができない（同条1項3号）とされている点で、資本準備金に近い性質のものです。

　利益準備金の積立の基礎になる「毎事業年度の剰余金」とは何かは問題ですが、これは損益計算書上の「当期剰余金」（規則113条）の意味で、かつ、前事業年度からの繰越損失金の金額があるときは、それを控除した金額であると解されています。

　また、「出資総額の2分の1以上で定款に定める額」というのは、この利益準備金の積立てによる出資組合の資本の充実による債権者の利益の保護と、組合員の剰余金の配当を受ける権利との調整のために設けられたものですので、積み立てなければならない額であるとともに、積み立てることのできる限度額でもあると解されます。

　この利益準備金は、損失のてん補に充てる場合を除いて取り崩すことができませんが（法51条5項）、ここでいう「損失」とは、法定準備金の趣旨に照らし、純財産の額が出資金・資本準備金および利益準備金の合計額に満たない場合、いわゆる「資本の欠損」をいうと解されます。

　次に、資本準備金ですが、これは会計上の資本剰余金であり、「資本と利益の区分の原則」に基づき、資本取引から生ずる剰余金は資本準備金とすることが要請されているものです。なお、農協法上に明文の規定が置かれたのは、平成13年の法律改正（法律94号）によるものですが、資本準備金に関する規定が設けられている協同組合法は、現在のところ農協法および水産業協同組合法のみとなっています。

　農協法上、出資組合の資本準備金に計上すべきものは、①出資１口の金額の減少により減少した出資の額が、持分の払戻しとして当該組合の組合員に支払った金額および損失のてん補に充てた金額を超えるときの、その超過額（いわゆる減資差益）と、②合併によって消滅した組合から承継した財産の価額が、当該組合から承継した債務の額および当該組合の組合員に支払った金額ならびに合併後存続する組合の増加した出資の額または合併によって設立した組合の出資の額を超えるときの、その超過額（いわゆる合併差益）それに新設分割設立組合が承継した財産にかかる純資産の額（財産に時価を付すべき場合を除き移転する財産に関する評価・換算差額等は含まない）が新設分割組合の組合員となる者等に対し割当てた出資の総額および支払った金銭の額を超えるときの、その超過額（いわゆる分割差益）です（法51条３項、４項、規則196条の２）。なお、合併差益および分割差益のうち、合併によって消滅した組合および分割によって移転する事業にかかる新設分割組合の利益準備金その他当該組合が合併の直前において留保していた利益の額に相当する金額は、これを資本準備金に繰り入れないことができ、この場合においては、その利益準備金の額に相当する金額は、これを合併後存続する組合または合併によって設立した組合の利益準備金に繰り入れなければならないことになっています（規則196条の２第３項・５項）。

　法定の準備金や繰越金を除いた残余の剰余金は、組合員に分配せず組合に留保するか、それとも組合員に分配するかは原則として任意なわけですが、協同組合は、組合員の経済活動を組合の事業活動を通じて助成することが目的であり、剰余金を組合に分配するために事業を行うわけではないという本質的な特性に照らし、毎事業年度の剰余金の組合員への配当（分配）の方法を規制しています。

　組合員に対する剰余金の配当には、組合員の利用分量の割合に応じて配当するものと、出資に対するものとの２種類があります。一つは、組合員の組合の事業の利用分量に応じた配当です。これは、組合の主たる剰余金の源泉

は、組合員による組合事業の利用で、「原価主義」ないしは「実費主義」の経営に徹すれば剰余は、原則として生ぜず、剰余金は実費に対する徴収超過額的性格を有するので、事業の利用に応じて組合員に返還するという趣旨によるものです。ただし、理念的にはそうであっても、組合の剰余金の源泉は多様であり、組合員との取引に起因しない剰余もあるわけです。したがって、事業利用分量配当として組合員に分配できる財源は、厳密には、組合員との取引に基づき生じた剰余金ということになるでしょう。

　出資配当についての上限規制は、沿革的には、各組合員の出資を奨励するために銀行並みの利子を付したことに始まるといわれますが、協同組合における出資金は、資力に乏しい者が共同で行う事業の基金として相互に出資をしたものであり、ある組合員が組合の事業を利用するというのは、その限りにおいて他人（他の組合員）資本の使用が行われているわけで、その限りにおいて対価としての利息を支払うというのは経済上の原則にも適うからにほかなりません。したがって、その実質は配当ではなく利息的な性格のものであるといえます。

　なお、出資配当率の上限規制と利用分量配当は、協同組合特有の制度ですが、利用分量に応じて配当をするか、払込済みの出資の額に応じてこれをするか、一方のみにするか、さらには、どちらを優先的にするかについては、現行法は何も規制していません。

4 出資とは

✳　協同組合における出資とは、組合員がその共同の事業を行うための基金（基本財産）として組合に拠出した金銭その他の財産をいいます。

✳　組合には、出資組合と非出資組合があり（法13条１項）、出資組合の組合員は、出資１口以上を有しなければならず（同条２項）、定款または総会の決議をもってしても出資義務を負わない組合員は認められません。

✳　出資の目的物は、金銭またはその他の財産に限られ、労務や信用による出資は認められません。金銭以外の財産の出資（現物出資）にあっては、その出資者の氏名・その目的である財産および価額とこれに対して与える出資口数は、定款に記載（相対的記載事項）しなければなりません（法28条３項）。

✳　出資１口の金額は均一でなければならず（法13条３項）、かつ、定款に記載しなければなりません（法28条１項６号）。その金額の多寡については法律上明文の規制はありませんが、加入自由の原則に照らし、組合員資格を有する者が通常負担できる程度のものでなければならないと解されています。

✳　１組合員の有することができる出資口数の最高限度は、定款の絶対的必要記載事項となっていますが（法28条１項６号）、農協法には具体的な割合は定められていません。これは１人１票の原則にかかわらず、１組合員の保有する出資口数があまり多いと、その者が脱退することで組合の経営が困難になるおそれがあり、そのことを通じて事実上組合の意思を支配することになるのを防止しようとする趣旨によるものですので、その趣旨に照らした相当割合をそれぞれの定款に記載すべきことになります。

✳　組合員が引き受けた出資の払い込み方法については、全額一時払制をとるか、分割払込制をとるかは自由ですが、その方法は定款に記載（絶対

的必要記載事項）しなければなりません。なお、組合員は、その出資の払い込みにつき相殺をもって組合に対抗することはできませんが（法13条5項）、組合側からは、定款の定めるところに従って、組合員の出資の払込みが終わるまでは、組合員に配当する剰余金をその払込みにあてることができることになっています（法53条）。

解 説

　組合の「出資」とは、取引上の対価ではなく、組合が事業を行うための基金（基本財産）として、組合員が拠出すべき、または拠出した金銭その他の財産をいいます。農協法では、組合員によって払い込まれた財産の額を出資の額といい（法52条2項）、その合計額を出資総額と呼んでいます（法51条2項、52条1項1号）。会計上は出資金といいますが、組合の設立に際して組合員が引き受け、または設立後新たに組合員となろうとする者が加入に際して引き受け、ならびにすでに組合員である者が出資口数を増加させるために引き受けた出資口数に出資1口金額を乗じて得た額が「出資金の額」となります（規則195条1項、186条1項）。いいかえれば、それは組合員の拠出資本であり、組合員の払込みがまだなされていない額を「未払込出資金」といっています（規則195条2項、196条2項）。

　この組合の出資金は、株式会社における「資本金」と同様に、組合が事業を行うための資金となり、また、返還は予定されていないために、組合の純財産の構成要素として、債権者に対する担保力を充実する機能を有することになります。組合員は、組合に対し、その引き受けた出資金の額を限度に責任を負うにすぎないことから（法13条4項）、出資の1口金額およびその払込みの方法ならびに出資の総口数および払込済みの出資の総額は、組合の債権者にとって重要な事実であるため登記事項とされています（登記令2条2項の別表）。また、出資金の総額等は、貸借対照表に表示されて開示される

ことになります。

　なお、会計学上、資本は、資産と負債の差額概念として純資産（Net Assets）と同義の概念で用いられることがありますが、農協法施行規則199条は、貸借対照表上の資産の額から負債の額を控除した残額を「純資産」とし、貸借対照表上、この純資産を「純資産の部」として表示すべきこととしています（規則94条）。この純資産の部は、大きくは、①組合員資本（農業協同組合連合会にあっては、会員資本）、②評価・換算差額等に区分されます。このうち「組合員資本」は、純資産の部のうち組合員に帰属する部分を示し、これは①出資金、②未払込出資金（出資金の控除項目）、③資本準備金、④再評価積立金、⑤利益剰余金、および⑥処分未済持分（組合員資本の控除項目）に区分されます（規則98条）。

　出資の目的物は、金銭またはその他の財産に限られ、労務や信用による出資が認められないのは、組合の債権者との関係では組合員の責任がその引き受けた出資を限度とする間接有限責任制度を採用しているためです。

　なお、1組合員の有することができる出資口数の最高限度に関する規制は、協同組合法によってまちまちです。ちなみに、中小企業等協同組合法では、定款の必要記載事項とはせずに法律をもって組合員の出資総口数の100分の25（信用協同組合にあつては、100分の10）を超えてはならない旨定めています（同法10条3項）。

※　法人と構成員の有限責任

　戦後の各種協同組合法は、すべて組合の構成員（組合員）の第三者に対する責任については、出資（厳密には引き受けた出資と賦課された経費）を限度とする有限責任制度を採用しています。法人なら常に有限責任かというと、合名会社の社員や合資会社の無限責任社員はそれぞれ無限責任を負う（会社法576条2・3項）ことからわかるように、そうではありません。したがって，法人か否かは，構成員の責任が有限か無限かとは直結しません。

　ちなみに、戦前の産業組合法は、①有限責任、②保証責任、または③無限責任の3種類の責任制度を用意していたところです。「保証責任」という言葉は、あまり聞きなれないと思いますが、これは組合員が引き受けた出資額のほかに一定の金額を限度として責任を負担するものをいいます。

5 出資総額と出資１口金額の変更

　株式会社等と異なり、組合の資本金である出資の総額は、変動するのが特徴であり、それは次の原因で変動します。

1　出資口数の増減

　組合の出資の総額は、出資口数の増減によって増減しまが、その原因には三つの場合があります。

（1）加入脱退にともなう増減

　組合の出資の総口数は、組合員の有する出資口数の総和ですので、組合員の加入および脱退（持分の譲渡による脱退を除く）にともなって増減します。

（2）出資口数の減少

　出資組合の組合員は、事業を休止したとき、事業の一部を廃止したとき、その他とくにやむをえない事由があると認められるときは、定款の定めるところにより、その出資口数を減少することができることとされており（法26条1項）、その結果として出資の総口数が減少します。

（3）組合員による増資の引受け

　定款に定める1組合員の有することができる出資口数の最高限度の範囲内において、組合員による増資（出資口数を増加すること）の引受けがあった場合には、その範囲内で出資の総口数が増加します。

2　出資1口金額の変更

　出資1口の金額は、定款の絶対的必要記載事項ですが、定款を変更することによって出資1口金額を変更することができます。出資1口金額の変更は、直ちに出資口数の変更や出資の総額に影響を与えるものではありませんが、出資口数の変更と出資の総額の変更が行われるのが一般的です。

（1）欠損のてん補のための出資1口金額の減少

　出資1口金額の減少は、欠損のてん補以外に行えないわけではありませんが、通常は、欠損のてん補の目的で行われます。その場合には、出資の総口数は変更されず、1口金額の減少額に出資の総口数を乗じた金額が出資の総額から減額され、その全部または一部が欠損のてん補に充てられ、残余があれば、原則として資本準備金として積み立てられることになります。

　なお、この出資1口金額の減少は、対外的には組合の担保力の減少となりますので、通常の定款変更手続に加え、債権者を保護するための特別の手続が必要になります（法49・50条）。

（2）出資1口金額の増加

　各組合員の引き受けた出資の額が、増加後の出資1口金額の整数倍になるといったような場合で、組合員が追加の出資義務を負うことがない場合を除き、出資1口金額の増加は、組合員の新たな出資義務をともなうことになります。したがって、このような場合は、通常の定款変更手続に加えて全組合員の同意が必要になりますが、かかる場合には出資の総額の増加をともなうことになります。

　組合の出資の総額は、出資1口金額に出資口数を乗じて得られる金額ですから、出資の総口数の増減によることは当然として、出資1口金額の増減によっても変更する可能性があります。

　とくに、組合は、協同組合として加入脱退が自由とされているために、組合員の加入脱退にともなって組合員の有する出資口数は変動することになります。そのため「資本金」の変動が、株式会社等の場合とは異なる協同組合の大きな特徴の一つとなっています。このことを理論的にどう説明するかは必ずしも簡単ではありませんが、それは協同組合は所有と経営と利用の一致

という三位一体性をもつことがその本質的特質であるため、原則として、利用者以外の者の出資を認めていないことに起因しています。それを前提に農協法は、組合は、定款の定めるところにより、組合員に出資をさせることができること、そして組合員は出資1口以上を保有しなければならないことが定められています（法13条1項・2項）。脱退した場合（持分の全部譲渡による場合を除く）や出資口数を減少した場合には、定款の定めるところにより、組合員は持分の払戻しを請求することができることとされています（法22条1項、26条2項）。出資の払戻しと持分の払戻しは、同じ概念ではありませんが、持分の払戻しは組合員の出資した財産に関する清算であって、組合員以外の者が組合の出資を保有することは認められていませんので、持分の払い戻しにともなってそれに対応する出資口数が減少することになるわけです。組合が備え置き、組合員や組合の債権者の閲覧等の用に供される組合員名簿には、組合員の氏名、その出資口数および払込済みの出資の額は記載事項になっており（法27条）、出資1口金額は定款の絶対的必要記載事項となっています（法28条1項6号）。そして、出資1口の金額と出資の総口数それに払込済みの出資の総額等は、登記事項になっており（登記令2条2項の別表）、定款記載の出資1口金額に組合名簿に記載された各組合員の有する出資口数の合計が登記すべき出資の総口数に一致し、各組合員の払込済み出資の総額は、組合員名簿記載の各組合員の払込済み出資の額の合計額に一致する関係になっています。

　出資1口金額の減少は、定款所定の出資1口金額を変更することであり、そのためには定款変更の手続を要しますが、直ちに出資総額の減少になるわけではありません。ただし、出資1口金額の減少の無効については、株式会社の資本金減少の無効に関する訴えの手続に関する会社法828条1項5号の規定を準用していることからも、株式会社における資本金の減少に相当するものであることが想定されています。

　出資1口金額の減少が行われる場合として考えられるのは、①組合に多額

の損失が生じ貸借対照表上の純資産額が出資総額に満たない場合において、その欠損部分の損失のてん補の目的をもって払込出資金額を切り捨てる場合、②事業の縮小等により余剰となった組合財産を出資者に返還するために出資1口金額を減少する場合、③出資の分割払込制を採用している場合に未払込出資を免除するために行う場合などです。

①の場合には、単なる計算上の問題で、その時点で組合の純資産の減少を生ずるわけではなりませんが、出資総額が減少することになって、その後は減少後の出資総額を超える純資産の額は処分可能利益となり、債権者に対する担保力を減ずることになりますので、債権者を害するおそれがあるという点では、②および③の場合と異なるところはありません。したがって、債権者保護のための手続が定められているわけです。

この債権者保護手続は、次のとおりです。

出資組合は、出資1口金額の減少を決議するときは、債権者に対して、①出資1口金額の減少の内容（したがって、決議の際には具体的な減少の方法等も定めることが必要となる）、②債権者に対する公告の日または催告の日のいずれか早い日における最終事業年度に係る貸借対照表を主たる事務所に備え置いている旨、および、債権者が一定の期間（1か月を下ることができない）内に異議を述べることができる旨を官報に公告し、かつ、貯金者、定期積金の積金者のほか共済契約に係る債権者、保護預り契約に係る債権者以外の知れている債権者には、各別にこれを催告しなければならないことになっています（同条2項、施行令26条、規則179条・180条）。ただし、この公告を、官報に加えて、定款で定めるところに従い、日刊新聞紙または電子公告でするときは、各別の催告は不要とされています（法49条3項）。

債権者が、公告の異議申述期間内に異議を述べなかったときは、出資1口金額の減少を承認したものとみなされます（法50条1項）。これに対し、債権者が異議を述べたときは、その債権者に対し、弁済し、もしくは相当の担保を供し、またはその債権者に弁済を受けさせることを目的として、信託会

社もしくは信託業務を営む金融機関に相当の財産を信託しなければなりませんが、出資1口金額の減少をしてもその債権者を害するおそれがないときは、これらは不要とされています（同条2項）。

6 組合員の持分とは

　組合員が組合に出資した財産を含め組合がその事業活動等にともなって取得した財産は、法人である組合自身に帰属することになりますが、組合の所有者は組合員ですので、組合員は出資することで組合員たる地位において組合の財産に対して持分という権利を取得することになります。

　農協法では、組合員の持分という用語を、持分の譲渡・共有の禁止を規定した第14条、組合による組合員の持分の取得の禁止を規定した第54条、脱退にともなう持分の払戻しを規定した第22条、脱退した組合員の損失分担義務を規定した第23条、それに持分の払戻しの停止を規定した第25条の各条項において用いています。

　以下では、農協法が定める持分に関する規定の意味するところが何かをみてみましょう。

1 持分の譲渡および持分の共有の禁止

　出資組合の組合員は、組合の承認を得なければ、その持分を譲り渡すことができません（法14条1項）。

　「持分」は、当該出資組合の組合員だけが取得しうるものですので、持分を譲り受けようとする者は、当該組合の組合員であるか、または組合員たる資格を有し、組合員になろうとする者でなければなりません。そのため、組合員でない者が持分を譲り受けようとするときは、加入の例によらなければならないことになっています（同条2項）。加入の申込みは、組合の承諾を得なければなりませんが、この加入の承諾と持分譲渡の承認の効果として、出資の義務を負い（法13条2項）、その義務は譲り受けた「持分」に係る出資の口数の限度で、その義務を免れることとなります。

　「持分」を譲り受けた組合員は、その持分について譲渡人の権利義務を承

継しますが（法14条3項）、組合の権利義務のうち共益権については、加入の効果として、等しく組合員である者に与えられるもので、持分取得の効果ではありません。したがって、ここでいう「権利義務」は、譲り受けた持分に係る財産的権利義務を意味することになります。

持分譲渡の効果として、譲渡人の持分は譲受人に移転します。この場合、持分全部の譲渡をした組合員は組合員たる地位を喪失し、持分の一部譲渡の場合には譲渡人の持分が減少することになります。

なお、組合員は「持分」を共有することができません（同条4項）。これは、加入の自由を保障するため組合に対する出資の額は、組合員資格を有する一般の人が通常負担できる程度のものでなければならないので、共同でする出資、いいかえれば持分の共有を認める必要性がないばかりか、仮にそれを認めるとすると出資組合の各組合員は出資1口以上を有しなければならないとした農協法13条2項の規定とも矛盾することになるうえに、法律関係が複雑になるためだと考えられます。

2　持分の払戻し

出資組合の組合員は、法定脱退事由により脱退したときは、定款の定めるところにより、その持分の全部または一部の払戻しを請求することができることになっています（法22条1項）。この脱退にともなう持分の払戻しは、組合と脱退組合員との間の財産関係の整理、いいかえれば一部清算ともいうべき性格のものであり、持分の全部を払い戻すか、あるいはその一部とするかは、定款の定めによります。さらに、脱退（当然脱退）した組合員に払い戻すべき持分は、「脱退した事業年度末における当該出資組合の財産によってこれを定める」（同条2項）こととされていますが、払い戻すべき持分の算定方法をどうするかも定款によって定まります。

なお、この脱退の場合の持分の払戻しに関する規定は、出資口数の減少にともなう持分の払戻しにつき準用されています（法26条2項）。

3 持分の払戻しの停止と組合員の損失分担義務

　脱退した組合員が、出資組合に対する債務を完済するまでは、組合は、その持分の払戻しを停止することができます（法25条）。

　また、持分を計算するにあたり、組合の財産をもってその債務を完済するに足りないときは、組合は、定款の定めるところにより、脱退〔当然脱退〕した組合員に対して、その負担に帰すべき損失額の払込みを請求することができることになっています（法23条）。この損失分担に関する規定は、組合員の組合に対する責任が出資を限度とする有限責任（法13条４項）であることとの関係で、組合に現存する財産、すなわち未払込出資の払込請求権を除く組合財産が組合の債務を完済するに足りない場合に、その不足額を、脱退した組合員にその出資口数に応じ、かつ、その未払込の出資額を限度として、組合に対して払い込ませる義務を課したものだと解されています。

　なお、脱退した組合の持分払戻金請求権および組合の財産をもってその債務を完済するに足りない場合の組合の払込請求権は、脱退の時から２年間行使しないときは時効によって消滅します（法24条）。

4 組合による持分の取得および質受の禁止

　出資組合は、原則として組合員の持分を取得し、または質権の目的としてこれを受けることができません（法54条１項）。これに違反した役員または清算人は、50万円以下の過料に処せられます（法101条１項46号）。

　組合が組合員の持分の取得を禁止した趣旨は、「持分」を、通説にしたがい組合員がその地位に基づいて組合に対して有する包括的権利である、あるいは組合財産に対する組合員の"分け前"としての財産的数額であると解するにしても、組合がその持分を取得するのは不合理または不適切であるからです。ただし、一定の例外が認められています。

　すなわち、全国の区域を地区とする連合会がその会員たる連合会と合併し

た場合には会員の持分の取得を認め、また組合員が任意脱退する場合におい
てその組合員からの譲受請求があった場合にその持分の取得が認められてい
ます（法54条2項）。ただし、自己持分の取得の実質は持分の払戻しにほか
なりませんので、それによる弊害を防止する観点から、その取得した持分は、
速やかに処分されなければならないことになっています（同条3項）。

　法律において、持分という用語は、共有者の持分（民法249条）、民法の組
合の組合員の持分（同法676条）、商法の船舶共有者の持分（商法693条）な
ど種々の意味に用いられています。これらはいずれも1個の財産が、何らか
の形で複数人に物権的に帰属したものですが、法人たる団体における社員（構
成員）の持分の概念は、団体の財産はその構成員とは別個の独立したものと
して団体自身に帰属する関係で、これらとはおのずと異なります。

　通説は、農業協同組合の組合員の持分には、①組合員たる資格において組
合に対して有する権利義務の総称、または、これらの権利義務発生の基礎た
る組合員の組合に対する法律上の地位と、②組合が解散した場合または組合
員が脱退した場合に組合員がその資格において組合に対して請求しうるとい
う意味での組合の純財産に対する"分け前"を示す観念上または計算上の数
額の二つの意義があるとしています。

　これによると、農協法14条〔持分の譲渡・共有の禁止〕、54条〔組合によ
る持分の取得の禁止〕の各規定における持分は前者の意味に、22条〔持分の
払戻し〕、23条〔脱退組合員の損失負担義務〕、25条〔持分の払戻しの停止〕
の各規定における持分は後者の意味であると説明されたりしますが、少なく
とも「持分」を、組合員の組合に対する法律上の地位、すなわち「組合員た
る地位」と解する必要性はないように思われます。議論があるところですの
で、これ以上はここで立ち入らないでおきます。

持分の譲渡ですが、これを認める実益はどこにあるか考えてみましょう。「持分」は、当該出資組合の組合員でなければ取得できませんので、他の組合員から持分を譲り受けようとする者は、当該組合の組合員であるか、または組合員たる資格を有し、組合員になろうとする者でなければなりません。そして、組合員でない者が持分を譲り受けようとするときは、加入の例によらなければなりませんので（法14条2項）、組合に加入の申込みをして承諾を得なければなりません。その承諾により組合員となる者は組合員の義務として出資引受義務を負うことになるわけですが、譲り受けた「持分」に係る出資の口数の限度で、その義務を免れることとなるわけです。持分の譲渡を認める実益は、まさにこの点にあります。というのも、持分の払戻しは、脱退等の効果が生じた日を含む事業年度末を経過しないと払い戻すことができないわけですが、持分の譲渡を認めることによって、持分の譲渡人に対する持分の払戻しと持分の譲受けによる新たな加入者からの出資金（および加入金）の払込みとを省略することができるので、組合および譲渡・譲受けの当事者にとっても便利だからです。

　なお、出資組合の組合員は、出資組合の承認を得なければ、その持分を譲り渡すことができません（同条1項）。それは、持分の譲渡を組合の承諾なしに自由に認めるとすると、組合との関係での組合員の持分の担保的意義がなくなり、農協法25条の持分払戻し停止の規定が無意味なものとなるからにほかなりません。

　「持分」を譲り受けた組合員は、その持分について譲渡人の権利義務を承継します（同条3項）が、組合員の権利義務のうち共益権については、加入の効果として生ずるもので持分取得の効果ではありません。したがって、ここでいう「権利義務」とは、譲り受けた持分に係る財産的権利義務、すなわち定款の定めがある場合の持分払戻請求権および残余財産分配請求権、出資配当請求権ならびに譲り受けた持分に関して未払込みの出資額がある場合の当該未払込出資額の払込義務をいうことになります。

　ところで、出資と持分とは概念的に区別されますが、持分は出資と密接不可分の関係にあり、持分譲渡の効果は当然に持分形成の基礎である出資口数を随伴します。持分全部を譲渡した者が組合員たる地位を失い、また持分の譲受けをともなう加入をした組合員が出資義務を免れるのは、このためです。

　組合員に払い戻すべき「持分」の基礎となる金額は、脱退または出資口数減少の効力の生じた日を含む事業年度の終りにおける当該出資組合の純財産を基礎として、当該出資組合の定款に定める算定方法に従って算定されます（法22条、26条）。

　この持分の算定方法は、協同組合制度の趣旨に反しないかぎり、定款でどのように定めても差し支えなく、一般に、「加算式」と「改算式」の二つの方法があるといわれます。「改算式」とは、持分算定時点における改算式による算定対象財産額を、出資の総口数（全額払込済みの場合）で除して得た金額に各組合員の出資口数を乗じ、または、払込済みの出資の総額で除して得た金額に各組合員の払込済みの出資の額を乗じて、当該算定対象財産に対する各組合員の持分（金額）を算定する方法で、算定対象財産額に対する出資１口当たり、または払込済みの出資の一定単位金額当たりの持分（金額）を均一にする方法です。これに対して「加算式」というのは、当該算定方法による算定対象財産額の事業年度ごとの増減額（出資の払込みおよび持分の払戻しによる増減額を除く）について、当該事業年度末における払込済みの出資の総額に対する各組合員の払込済みの出資の額の割合等に応じて按分計算した額の累計額をもって、当該算定対象財産額に対する各組合員の持分（金額）とする方法であり、払込済みの出資の額の割合によって按分計算した場合でも払込済みの出資の一定単位当たりの持分（金額）は均一ではなく、出資の払込みをした事業年度の違いによって異なることになります。なお、このうちのいずれか一つの方法だけによらなければならないわけではなく、純財産額を二つ以上に区分して、それぞれ異なる算定方法を採用することもできると解されますが、加算式による方法は事務も煩雑であるなどの理由か

ら採用されている例はほとんどありません。

　なお、組合員が脱退（当然脱退）した場合に払い戻すべき持分は、「脱退した事業年度末における当該出資組合の財産によってこれを定める」（法22条2項）として、出資口数減少による持分の払戻しにつき同規定を準用しています（法26条2項）が、その「財産」の評価が問題になります。持分算定の基礎となる財産は、組合の純財産にほかなりませんが、その計算の基礎となる組合の財産の評価については、通常の決算貸借対照表における帳簿価額としての純財産か、それとも財産関係の清算として時価によるべきかという問題です。

　これについては、中小企業等協同組合法に基づく事業協同組合の事件ですが、昭和44年12月11日の最高裁判決は、「一般に、協同組合の組合員が組合から脱退した場合における持分計算の基礎となる組合財産の価格の評価は、所論のように組合の損益計算の目的で作成されるいわゆる帳簿価額によるべきものではなく、協同組合としての事業の継続を前提とし、なるべく有利にこれを一括譲渡する場合の価額を標準とすべきものと解するのが相当である」としました。これは、脱退にともなう持分の払戻しは、組合と脱退組合員との間の財産関係の整理、いいかえれば一部清算ともいうべき性格のものだからです。もっとも、この判決は、定款で持分全部を払い戻すこととしている場合の財産の計算に関してであり、その持分の払戻しを制限することが可能かどうかについての判決ではありません。前述のように、払い戻すべき持分の算定方法は、協同組合制度の趣旨に反しないかぎり、定款でどのように定めても差し支えありません。多くは、定款で、払い込んだ出資の額を限度に払い戻すべき旨を定めていますので、財産の評価が問題となることは一般的にはありません。

7 経費賦課金とは

※　組合は、定款の定めるところにより、組合員に経費を賦課することができます（法17条1項）。組合員は、当該組合の定款に経費を賦課する旨の定めがあり、総会で議決された経費の賦課および徴収の方法に従って経費を賦課されたときは、その賦課された金額をその徴収方法に従って支払わなければならない義務を負います（同項、28条1項7号、44条1項4号）。

組合によって、適法に賦課行為がなされたときは、組合員は、その支払いについて相殺をもって組合に対抗することができません（法17条2項）。

 解説

「経費の分担に関する規定」は、定款の絶対的必要記載事項となっており、組合員に対し経費を賦課する、または賦課しないかは、定款に記載する必要があります。なお、経費の賦課および徴収の方法は総会の決議事項とされています（法44条1項4号）ので、定款に経費を賦課することを定めるときは、経費を賦課する事業の種類をもあわせて記載することになります。

農協法には、経費を賦課することができる事業の制限はありませんが、「経費」とは組合の事業を行うに必要な費用であり、組合員の組合に対する責任がこの経費の負担のほか引き受けた出資額を限度とする有限責任となっている（法13条4項、15条）ことから、損失の補てんに充てるための経費の賦課は認められないと解されています。この経費の賦課は、非出資組合の場合には自己資金の調達手段として重要な意味をもっているのに対し、出資組合の場合に経費の賦課を認める必要があるとすれば、それはそれ自体からは収益を生まない事業といえるでしょう。

なお、経費の賦課の対象となる経費は、事業計画が事業年度ごとに設定さ

れなければならないこと（法44条1項3号）、組合員の加入・脱退が自由で
あることとの関連で、賦課行為の効力が生じる日を含む事業年度に事業を行
うに要する経費でなければならず、その前後の事業年度に行う事業に要する
経費は賦課できないと解されます。

VIII

組合の設立

1 組合の設立とは

❉ 組合の設立とは、法律的にいうと、農業協同組合という団体を形成し、法人格を取得し、法律上の権利義務の主体（法人）になることをいいます。

❉ いかなる要件を満たせば法人を設立することができるかに関する国の態度は、時代により、また法人の種類や性格に応じて異なっていますが、農協法に基づき設立される農業協同組合（連合会を含む）は、いずれも行政庁の認可を必要とする認可主義が採用されています。

解 説

わが国においては、法人は法律の規定によらなければ成立しない（民法33条）という法人法定主義をとっており、いかなる要件を満たせば法人格が付与されるかについては、行政庁による関与の深さという観点から、「許可主義」、「認可主義」、「認証主義」、「準則主義」等の立法主義に区分されます。

平成18年の法人制度改革を経て、今日、営利法人である会社はもとより非営利法人の一般社団・一般財団法人のいずれについても「準則主義」が採用されています。この準則主義のもとでは、法律に適合した定款を作成し、それにつき公証人の認証を受け、設立の登記をすることで法人が設立されます。

わが国の各種協同組合法は、労働者協同組合法を除き組合の設立に関しては「認可主義」を採用しています。農協法も、行政庁への設立の届出だけで済む農事組合法人を除き、農業協同組合および農業協同組合連合会の設立に関しては、いずれも行政庁の認可を必要とする認可主義を採用しています。農事組合法人に類する企業組合、漁業生産組合、生産森林組合のいずれもが「認可主義」を採用しているなかでは、農事組合法人の届出主義は極めて異例だといえます。

　この認可主義というのは、法人の種類により、「許可主義」に近いものから「認証主義」に近いものまで幅がありますが、行政庁に自由裁量権のある設立の許可とは異なり、法律の定める要件を具備して主務官庁に申請をすれば、必ず認可を与えなければならないものをいいます。「認証主義」というのは、法律の定める条件を充たしていることを確認するという点で準則主義に近いものの、所管庁が「認証」する行為（確認行為）を必要とする点で、認可主義に近いといえます。これに対し「許可主義」というのは、設立を許可するか否かを主務官庁の自由裁量にゆだねるもので、戦前の産業組合の設立は「許可主義」が採用されていました。

　「準則主義」というのは、法律の定める組織を備え、一定の手続によって公示（法人登記）したときに法人の成立が認められるものです。その際、公証人による定款の認証が必要かどうかは法人の種類によっても異なります（農事組合法人の定款は公証人の認証は求められていませんが、事後的に登記事項証明書とあわせて諸官庁に対する届出を必要としています）が、行政庁が認証に関与しない点で「認証主義」とは異なります。

　ちなみに、農協法では、行政庁は組合から設立の認可申請があった場合には、①設立の手続または定款もしくは事業計画の内容が、法令または法令に基づいてする行政庁の処分に違反するとき、②事業を行うために必要な経営的基礎を欠くことその他その事業の目的を達成することが著しく困難であると認められるときを除き、認可をしなければならないことになっています（法60条）。

2 組合の設立の手続

組合の設立は、発起人による発起行為に始まり、創立総会、行政庁の認可、発起人からの理事への事務の引渡し、出資の第1回の払込み（非出資組合を除く）などの一連の手続を経て、設立の登記をすることによって完了します。

その手続の流れは、次のようになりますが、農協法は、その立法理念に即して、設立の手続についても民主的な配慮を加えています。

1 発起人

組合を設立するには、発起人が必要であり、農業協同組合を設立するには15人以上の農業者が、また、農業協同組合連合会を設立するには2以上の農業協同組合または農業協同組合連合会が発起人とならなければなりません（法55条）。

2 設立準備会

発起人は、あらかじめ設立しようとする組合の事業および地区ならびに組合員資格に関する目論見書を作成し、これを2週間以前の一定期間前までに設立準備会の日時・場所とともに公告をし、設立準備会を開催します（法56条）。

この設立準備会においては、出席した農業者（法人にあっては、その役員、農業協同組合連合会を設立しようとする場合にあっては出席した組合）の過半数の同意によって、地区、組合員たる資格その他定款作成の基本となるべき事項を定めるとともに、定款の作成にあたる定款作成委員として、出席した農業者（法人にあっては、その役員）のなかから15人以上（農業協同組合連合会を設立しようとする場合にあっては出席した組合の理事（経営管理委員設置組合にあっては、経営管理委員）のなかから2人以上）を選任しなけ

ればなりません（法57条）。

　設立準備会の終了後、発起人は、成立すべき組合の組合員になろうとする者から設立の同意の申出を受け、定款作成委員は、定款作成の基本となるべき事項に関する設立準備会の決議に従って、共同して定款の作成にあたることになります。

3　創立総会

　定款作成委員が定款を作成したときは、発起人は、その定款を創立総会の日時・場所とともに、その会日の２週間以上前までに公告して、創立総会を開催することになります（法58条１項・２項）。

　この創立総会では、定款の承認のほか、事業計画の設定その他設立に必要な事項について決議するとともに（法58条３項）、成立すべき組合の役員（経営管理委員または理事および監事）となるべき者を選挙または議決により選出しなければなりません（法30条４項、10項）。なお、定款作成委員の作成した定款は、その決議をもって修正することができますが、地区および組合員たる資格はこれを修正することはできません（法58条４項）。

　この創立総会の議事は、組合員たる資格を有する者で、その会日までに発起人に対して設立の同意を申し出た者の半数以上が出席し、その議決権の３分の２以上で決せられます（同条５項）。

4　設立の認可申請

　発起人は、創立総会終了後遅滞なく、定款および事業計画を行政庁に提出して設立の認可を申請し、行政庁からの要求があるときには、組合の設立に関する報告書を提出しなければなりません（法59条）。

　行政庁の認可または不認可の通知は、申請を受理した日から２か月以内に、発起人に対して発しなければならず、この期間内に通知を発しなかったときは、その期間満了の日に認可があったものとみなされ、発起人は行政庁に対

し、認可に関する証明をすべきことを請求することができることになっています（法61条1項〜3項）。

5　設立事務の引継ぎと出資の払込み

　設立の認可があったときは、発起人は遅滞なくその事務を理事に引き渡すとともに、出資組合の理事は遅滞なく出資の第1回の払込みをさせなければなりません（法62条1項・2項）。第1回払込みの金額は定款をもって定められますが（法28条）、現物出資者は、第1回の払込みの期日に出資の目的たる財産の全部を給付しなければならないことになっています（法62条2項）。

6　設立の登記

　出資組合にあっては出資の第1回払込みがあった日から、非出資組合にあっては設立の認可があった日または設立認可に関する行政庁の証明があった日から2週間以内に、主たる事務所の所在地において設立の登記をしなければなりません（登記令2条2項6号）。

　登記すべき事項は、①目的および事業（組合が行う事業）、②組合の名称、③組合の地区、④組合の事務所の所在場所、⑤出資組合にあっては、出資1口の金額およびその払込みの方法ならびに出資の総口数および払込済みの出資の総額、⑥存立の時期（期間）を定めたときは、その時期、⑦代表権を有する者の氏名、住所および資格（＝代表理事）、⑧公告の方法（電子公告を公告の方法とする旨の定めがあるときは、電子公告関係を含む）です（同条2項、別表）。

　この設立の登記は、代表理事が申請しますが（登記令16条1項）、組合は、主たる事務所の所在地において設立の登記をすることによって成立し、法人格を取得することになります（法63条1項）。なお、設立の認可があった日から90日を経過しても設立の登記をしないときは、行政庁は、その認可を取り消すことができることになっています（同条2項）。

　組合の設立手続は、会社や一般社団法人に比べ手続が煩雑であると同時に大きな特徴をもっています。

　これは、非農民的勢力の排除と農民の自由意思と組合の自主性を確保という戦後の農協法の立法理念から必要と考えられ措置されたものだからです。

　農業協同組合を設立する場合の発起人の数は、15人以上と、産業組合設立の場合に必要な7人以上に比べて多くなっています。なるべく多くの意思を結集させるためだと考えられますが、発起人の数をどう考えるかは難しい問題です。ちなみに株式会社の場合には発起人1人で設立することが可能で、一般社団法人の場合には2人以上であれば可能だと考えられているのに対し、協同組合の場合には、設立の任意性を認める一方で、設立を認可にかからしめる以上は設立後の経営的基礎があるかどうかも考慮する必要があることから必要な発起人の数も多めに設定されています。たとえば、中小企業等協同組合法に基づく事業協同組合等の場合には発起人は4人以上いればよいことになっています。ただし、発起人と組合設立に必要な組合員の数は別の規制になっていて、信用協同組合は300人以上の組合員がなければ設立することができないことになっています（同法24条）。消費生活協同組合法に基づく消費生活協同組合の場合には、組合を設立するには20人以上の発起人が必要とされ（同法54条）、定款案については創立総会で300人以上の賛成者を必要とする（同法55条2項）とされていますので、少なくとも300人以上組合員がなければ組合を設立することができないことになります。

　さらに、農協法は、創立総会の前に設立準備会を開催することを求めています。この設立準備会の制度は、従来、組合の設立に関する基本的事項は発起人によって決定され、他の多数の利害関係者がこれに機械的に従うことになりがちであったことから、農業協同組合の設立にあっては少数者が恣意的に組合の設立を左右する弊害を改め、極力多数の農民の意思を基本的事項の

決定に反映させるために設けられたものだといわれています。

　ところで、定款作成委員も15人以上と必要な発起人の数と同じだけの員数が必要だとされています。これだけの人数の定款作成委員が必要かどうかは疑問が残りますが、発起人が定款作成委員を兼ねることは否定されていませんので、発起人が定款作成委員を兼ねることになるものと思われます。

　なお、公告の方法については、定款の必要記載事項で（法28条１項12号）、登記事項ともなっていますが（法９条１項、登記令２条２項６号）、これは設立後の組合の公告に関するものです。また、公告の方法を電子公告とする旨定款で定めた場合には、電子公告関係事項、すなわち電子公告により公告すべき内容である情報について不特定多数の者がその提供を受けるために必要な事項、すなわちウェブページの URL（なお、電子公告を公告方法とする場合には，事故その他やむを得ない事由によって電子公告による公告をすることができない場合の公告方法として官報または日刊新聞紙のいずれかを定款に定めることができますが、その定めを含みます）をも登記することになります（法97条の４、登記令２条２項６号別表）。設立手続中の公告の方法については、農協法に格別の定めはありませんので、公告すべき事項を一般に知らしめるに足る適当な方法であればよく、適宜発起人の判断に基づき決定すれば足りると解されます。

IX

組織再編

1 合併とは

　組合の合併とは、２個以上の組合が法定の手続に従って一つの組合になる法律行為をいいます。それによって当事者である組合の一部または全部が解散し、その財産が清算手続を経ることなく包括的に存続組合または新設組合に移転するとともに、解散組合の組合員が存続組合または新設組合の組合員となる効果が生じます。

1　合併の当事者

　合併は、法律に特別の定めがないかぎり、設立の根拠法および設立の要件が同じものの間でなければ認められません。したがって、農協法に基づく組合と他の協同組合法に基づく組合との間の合併はもとより、農業協同組合と農業協同組合連合会間の合併は認められません。

2　合併の態様

　合併には、当事組合の一つが存続し他の組合が解散して解散組合の財産および組合員を引き継ぐ吸収合併と、当事組合のすべてが解散して新たに組合を設立し、これが解散組合の財産および組合員を引き継ぐ新設合併とがあります。

3　合併の効果

　吸収合併の場合には一部の組合、新設合併の場合には全部の組合が解散します（法64条１項２号）。ただし、通常の解散と異なり清算は行われず（法68条）、解散する組合は合併と同時に消滅します。

　吸収合併の場合には、存続組合の定款変更が発生し、新設組合の場合には、新たな組合の設立が生じ、消滅組合の組合員はすべて存続組合または新設組

合に収容されます。

　合併によって、存続組合または新設組合は消滅組合の権利義務を承継します（同条）。この承継は、合併の性格上、包括承継であって消滅組合の権利義務は一括して法律上当然に移転し、個別の権利義務について個別の移転行為は必要とされません。したがって、契約によってその一部を移転しないようにすることはできません。

4　合併の差止め

　平成26年改正は、会社法にならって、組合の合併が法令または定款に違反する場合に組合員に差止請求権を認める規定を新設しました（法65条の４）。

　組合の合併が法令・定款に違反することは合併無効の原因ともなりますが、合併の効力が発生すれば差止めが認められませんので、その後は無効の訴えによることになります。

5　合併の無効

　合併の手続に瑕疵があったため合併の無効を生ずる場合において、これを民法の一般原則に委ねることとしたのでは、取引の安全を期しえないこととなります。そこで農協法は、合併の無効に関する会社法の規定（会社法828条等）を準用（法69条）し、無効の主張に一定の制限を加えるとともに、無効判決に対世的効力を認めて無効を画一的に確定し、かつ、無効の遡及効を否定する措置を講じています。

　合併の法律上の性質については、合併の本質をいかに理解するかという点で大きく分けて「人格合一説」と「現物出資説」という二つの考え方の対立があります。いずれによるべきかは、合併に関して生ずる種々の問題の解決

につき、いかに適切な基準が与えうるか否かにかかっているわけですが、いずれの考え方に立ってもすべてが論理的に説明できるわけではありませんし、いずれの立場からも具体的な問題の結論についての意見の対立はほぼ解消しているといってよいでしょう。

　なお、合併によって解散する組合の組合員（社員）が存続組合または新設組合に包摂されるという点については、現行の会社法は、吸収合併に際し、消滅会社の株主に対して、存続会社の株式を交付せず、金銭その他の財産を交付することを認めた（会社法749条1項2号）ので、株式会社については社員の承継は合併の本質的要素ではなくなっています。

　合併は、法律に特別の定めがないかぎり、設立の根拠法および設立の要件が同じものの間でなければ認められませんが、「農林中央金庫及び特定農水産業協同組合等による信用事業の再編及び強化に関する法律」（平成8年法律118号）は、農林中央金庫を存続法人とする貯金等の受入れの事業を行う農業協同組合連合会との合併を認め（同法8条）、その場合に必要な定めを置き（同法3章）、設立の根拠法が異なるものどうしの合併を例外的に認めています。

　なお、合併によって移転するのは実質的な財産であり、計算上の数額である出資金や準備金等は移転するものではありません。また、各個の権利義務につき個別の移転行為を必要としませんが、移転につき第三者対抗要件の具備を必要とする財産については、たとえば不動産については登記を要し、その手続を経なければ財産の移転をもって善意の第三者に対抗することはできません（通説）。しかし、譲渡の場合のみ法律上対抗要件の具備が要求されている動産および債権については、それぞれ引渡（民法178条）や債権者に対する通知または債務者の承諾（民法467条）がなくても、当然に合併をもって第三者に対抗することができます。

　消滅組合と従業員との間の雇用契約や労働協約などの継続的法律関係も、合併に際して、組合と従業員間、組合と労働組合間に別段の合意がなされな

いかぎり、原則として合併組合に承継されます。なお、使用貸借、委任など
の契約は、当事者の特定の一方またはいずれか一方が死亡するときは原則と
して終了しますが、これらの契約についても、契約当事者たる組合が合併に
よって消滅することによっては、原則として、その契約の終了をきたしませ
ん。賃貸借、消費貸借または保証契約などによる権利義務も同様です。

　また、農協法は、承継する権利義務には、合併により消滅した組合が「そ
の行う事業に関し、行政庁の許可、認可その他の処分に基づいて有する権利
義務を含む」（法68条かっこ書）と規定しています。合併により承継される
権利義務は、私法上の権利義務に限らず公法上の権利義務をも原則として含
みますが、公法上の権利義務の承継は個々の公法の目的に応じて異なります。
新たに権利を設定する行政庁の処分（たとえば、漁業法（昭和24年法律第
267号）に基づき漁業権を設定する都道府県知事の免許、特許法（昭和34年
法律第121号）に基づき特許権の設定を受けるための特許庁長官の特許など）
を除き、一般的禁止を解除する行政庁の処分である「許可」に基づく地位は
承継されないと解されています。これらは、解散組合の人的・物的諸条件を
考慮して与えられたものだからです。

※　企業結合会計

　合併の会計処理については、企業結合会計基準というものが公表されています。要約すると、合併については、その実質を反映した会計処理をすることが比較可能性等の観点から必要であるということで、その実質が企業の買収（取得）に相当するものであれば（これが原則）、パーチェス法（一方の企業が他方の企業を買ったとする会計処理）をし、一方の企業による他の企業の買い取りではなく対等な関係での企業の結合という実質をとらえた会計処理が妥当なものは持分プーリング法（複数の企業なそのまま融合したとする会計処理）を適用するというものです。合併の法的性質と会計は本来無関係で、会計はその実質を反映すべきであるというのは、間違ってはいませんが、会計の基準によって合併のあり方が規定されるというのは本末転倒で、また営利を目的とする企業と協同組合とでは合併の意義もおのずと異なる側面があります。なお、農協法に関していえば、合併差益を資本準備金とする会計に関する規定があり（法51条3項2号・4項）、企業結合会計をそのまま適用することになると、法的に矛盾を抱えることになる点に留意が必要です。

2 合併の手続

1　通常の手続

　組合の合併については、農協法65条以下に、合併に関する一連の手続規定が設けられています。手続的には、①合併契約の締結、②事前開示、③合併契約の承認決議（特別決議）、④債権者保護手続、⑤合併の認可申請、⑥合併の登記、それに⑦事後開示といった流れで進められます。吸収合併と新設合併とでは、その手続が少し異なりますが、次のとおりです。

①　合併契約の締結

　合併しようとする当事組合間において政令で定める法定事項を定めた合併契約を締結します（法65条1項）。

②　事前の開示

　合併の決議をする総会の日の2週間前の日（債権者保護手続に係る公告の日または催告の日のいずれか早い日が総会の日の2週間前の日よりも早い場合には、そのいずれか早い日）から一定期間、合併契約の内容その他法定事項を事前開示し、組合員および組合の債権者の閲覧の用に供します（法65条の3）。これは、組合員に対しては総会における議決権行使のための判断材料を提供し、組合の債権者に対しては合併に対して異議を述べるかどうかの判断材料を提供するためです。

③　合併の決議

　総会または総代会において特別決議の方法により決議します（法46条2号）。ただし、総代会での決議は直ちにはその効力を生ぜず、組合員の判断を仰ぐための所定の手続を踏むことが必要となります（法48条の2）。

　このほか、新設合併の場合には、合併契約の承認決議のほかに、共同して定款の作成・役員の選任その他設立に必要な行為を行う設立委員を選任しな

ければなりません（法66条１項）。この選任決議も特別決議の方法によることが必要です（同２項）。

④　債権者保護手続

　財産状態のよい組合と不良の組合が合併するときには、財産状態のよい組合の債権者が合併により不測の損害を被るなど、合併当事組合の債権者の利害に重大な影響を及ぼすことになるため、各組合において、出資１口金額の減少の場合に準ずる債権者保護手続を行います（法65条４項→49条、50条１・２項）。

⑤　行政庁の認可と登記

　債権者保護手続が終了すれば、合併の登記をする前に行政庁に対する合併の認可申請を行います。行政庁の認可は、合併の決議が効力を生ずるための要件となっています（法65条２項）。

⑥　合併の登記

　合併に必要な行為が終われば登記をします（登記令８条１項）。吸収合併の場合にあっては、存続組合については変更の登記を、消滅する組合については解散の登記を、また、新設組合においては設立の登記を、消滅する組合については解散の登記をすることになります。

　合併は、存続組合または新設組合がその主たる事務所の所在地で変更または設立の登記をすることによって効力が生じます（法67条）。

⑦　事後の開示

　合併の登記終了後、遅滞なく、農林水産省で定める法定事項を開示し、組合員および組合の債権者の閲覧等の用に供します（法68条の２第１項・２項、規則210条）。

　これは、合併の手続等を開示させることによって間接的にその手続の適正な履行を担保するためであるとともに、前述の事前開示と相まって、組合員または組合の債権者が合併無効の訴えを提起すべきか否かを判断するための材料を提供するためです。

2　簡易な手続

　合併については総会または総代会における特別決議が必要ですが、これには例外があります。

　すなわち、合併によって消滅する組合の正組合員の総数が、合併後存続する出資組合の正組合員の総数の5分の1を超えない場合であって、かつ、合併によって消滅する出資組合の最終の貸借対照表により現存する資産の額が、合併後存続する出資組合の最終の貸借対照表により現存する資産の額の5分の1（これを下回る割合を合併後存続する組合の定款で定めた場合にあっては、その割合）を超えない場合、合併後存続する組合においては総会または総代会の特別決議は不要で、理事会（経営管理委員設置組合にあっては、経営管理委員会）の決議で足りることになっています（法65条の2）。

　なお、総会の決議を省略することにともなう組合員の保護を図る観点から、総会の決議を経ないで合併を行う旨を合併契約に定めなければならないほか、存続組合の正組合員に合併に反対の意思表示をする機会を与えるための所定の手続が求められています（同条2項〜4項）。

解 説

　組合が合併しようとするときは、政令で定める事項を定めた合併契約を締結して、総会の決議により、その承認を受けなければなりません（法65条1項）。

　合併契約で定めなければならない事項は、政令で定める次に掲げる事項です（施行令35条）。当然ながら、合併後存続する組合または合併により設立する組合が非出資の組合である場合には、②から④までの事項は無関係です（同条かっこ書）。

　①合併後存続する組合または合併によって設立する組合の名称、地区およ

び主たる事務所の所在地

②合併後存続する組合または合併によって設立する組合の出資１口の金額

③合併によって消滅する組合の組合員または会員に対する出資の割当てに
　関する事項

④合併後存続する組合または合併によって設立する組合の資本準備金およ
　び利益準備金に関する事項

⑤合併によって消滅する組合の組合員または会員に対して支払をする金額
　を定めたときは、その規定

⑥合併を行う組合が合併の日までに剰余金の配当をするときは、その限度額

⑦合併を行う時期

⑧合併決議をなすべき総会の期日

　合併によって消滅する組合にあっては、①合併契約の承認決議をする総会
の日の２週間前の日または②債権者保護手続にかかる債権者に対する公告の
日または催告の日のいずれか早い日のうちのいずれか早い日から合併の登記
の日までの間、合併後存続する組合にあっては、①合併契約の承認決議をす
る日（簡易合併手続による場合には理事会（経営管理委員設置組合の場合は
経営管理委員会）で合併契約の承認を決議する日）の２週間前の日または②
債権者保護手続にかかる債権者に対する公告の日または催告の日のいずれか
早い日のうちのいずれか早い日から合併の登記の日後６月を経過する日まで、
合併契約の内容その他農林水産省令で定める事項を記載した書面（電磁的記
録によることも可）を主たる事務所に備え置かなければなりません（法65条
の３第１項１号・２号、規則209条）。これを合併契約等の事前開示と呼んで
いますが、合併によって設立する組合にあっては消滅組合の事前開示書面を
合併登記の日から６月間その主たる事務所に備え置き開示すべきこととされ
ています（法65条の３第１項３号）。

　合併契約の承認決議は特別決議事項ですが（法46条２号）、総代会での合
併の決議は直ちにはその効力を生ぜず、総代会において合併契約の承認決議

があったときは、理事は、当該決議の日から10日以内に、正組合員に対し、当該決議の内容を通知しなければなりません（法48条の２第１項）。この場合において、総代会の決議の日から１か月以内に、正組合員が総正組合員の５分の１（これを下回る割合を合併後存続する組合の定款で定めた場合にあっては、その割合）以上の同意を得て、会議の目的である事項および招集の理由を記載した書面を理事会（または経営管理委員会）に提出して、総会の招集を請求したときは、理事会は、その請求のあった日から３週間以内に総会を招集すべきことを決しなければならないことになっています（同条２項・３項）。なお、請求の日から２週間以内に理事（経営管理委員設置組合にあっては、経営管理委員）が正当な理由がないのに総会招集の手続をしないときは、監事が総会を招集することになりますが（同条４項）、招集された総会において総代会における合併契約の承認決議を承認しなかった場合には、総代会の決議は、その効力を失うこととなります（同条５項）。

　行政庁の認可申請は、合併によって新たな組合を設立する場合には設立委員が、吸収合併の場合には合併当事組合の代表理事が共同して行います。この行政庁の認可は、貯金または定期積金の受入れの事業もしくは共済事業を行う組合を含む合併については、いわゆる自由裁量処分とされ、それ以外はいわゆる覊束（きそく）裁量処分とされています（法65条３項、44条３項）。

　行政庁の合併の認可があれば、合併により消滅する組合の代表理事は、合併契約に定めた合併期日に、当該組合の財産および各種帳簿その他一切の書類を、吸収合併にあっては存続する組合の代表理事に引き渡し、新設合併にあっては新設組合の代表理事となるべき者に引き渡して合併を実行します。これによって、実質上、合併によって消滅する組合は解散し、消滅する組合の財産等は合併組合に引き継がれ、その管理も合併組合に移ることになりますが、法律上は、合併は登記をもって効力を生じます（法67条）。

　合併に必要な行為が終わった日（合併実行日と解する）から２週間以内に、主たる事務所の所在地において登記をすることが必要です（登記令８条１項）。

この登記は、吸収合併の場合には、存続組合の代表理事が消滅組合をも代表し、新設合併にあっては新設組合の代表理事が消滅組合を代表して行います（登記令25条→商登82条）。

　合併の登記が終了すれば、合併後存続する組合または合併によって設立した組合の理事は、遅滞なく、債権者保護手続の経過、合併が効力を生じた日（登記日）、消滅組合から承継した重要な権利義務に関する事項、消滅する組合が事前に備え置いた書面、その他合併に関する重要な事項を記載した書面を、主たる事務所に備えて置くとともに、合併の登記の日から6月間、組合員および組合の債権者の閲覧等の用に供さなければなりません（法68条の2第1項・2項、規則210条）。

　組合員および組合の債権者は、組合の業務時間内であれば、いつでもこれらの書面等を閲覧し、または所定の費用を支払って、謄・抄本の交付を受けることができ、この場合、理事は、正当な理由がなければこれを拒めません（法68条の2第3項・4項）。

　簡易合併というのは、いわばクジラがメダカを飲むような合併のケースで、存続組合の組合員の利益を保護するための手続を踏むことで、総会の決議の省略を認めたものです。

　資産額基準を判定する場合の「出資組合の最終の貸借対照表により現存する資産の額」の「最終の貸借対照表」とは、法律上、確定決算、すなわち通常総会の承認を受けて確定した決算貸借対照表のうち直近のものをいい、「現存する資産の額」とは、当該確定した貸借対照表上の資産の額（したがって、当該貸借対照表日に存在する資産の意味）ということで、その後の資産の変動は問題にはなりません。これに対し、正組合員数の基準の判定時期については明文がありません。しかし、組合員数は、加入脱退の自由の原則に基づき、組合の意思とは無関係に変動することがありうることになるので、合併についての意思が確定する合併契約の締結の日か消滅組合の合併の決議の日のいずれか遅い日で判断すれば足りると解されます。

　合併にともなって、存続組合において定款変更をする必要がある場合や、新たに役員を選任する場合には、総会の決議を省略できませんので、この簡易合併の手続よって合併する例としては、消滅組合の定款上の「地区」が存続組合の「地区」と同じか、その地区の範囲内にあるなど、極めて限られたケースになるでしょう。

3 新設分割とその手続

1 意義

　組合の分割とは、簡単にいえば合併とは逆に1つの組合を2つ以上の組合に分けることですが、農協法においては出資組合がその事業（信用事業および共済事業を除く）に関して有する権利義務の全部または一部を法律の定める手続に従って分割によって設立する出資組合に承継させることをいいます（法70条の2）。通常、分割の形態には、このような新設分割の形態のほかに、組合が有する権利義務を既存の他の組合に承継させる吸収分割の形態がありますが、農協法は新設分割に限りこれを認めています。

2 分割の手続

　分割の手続は合併の手続をもとに作られているので、分割の手続の流れは、合併の場合と同様です。

① 新設分割計画の作成

　合併契約と同様に法定の記載事項を含む新設分割計画を作成し、総会の承認を受けなければなりません（法70条の3第1項）。法定記載事項は、設立する組合の定款で定める事項、分割に伴って分割組合から承継する権利義務に関する事項その他分割の条件などです（同2項）。

　なお、分割に伴う労働契約の承継に関しては、別途、労働者の保護を図るための手続規定が設けられています（法70条の6）。

② 事前開示（法70条の3第5項→法65条の3）

③ 総会による新設分割計画の承認

　分割は行政庁の認可が必要であるので、認可申請をするまでに、新設分割計画について総会の特別決議による承認を受けます（法70条の3第3項、第

5項→法46条）。なお、総代会での承認決議が直ちに効力を生じないことも合併と同様です（法70条の３第５項→法48条の２）。

④　設立委員の選任

　新設分割設立組合の定款を作成し、役員を選任するための設立委員の選任につき新設合併の際の手続規定が準用されています（法70条の３第５項→法66条）。

⑤　債権者保護手続（法70条の３第５項→法49条、50条１・２項）

⑥　行政庁に対する認可申請

　新設分割は、行政庁の認可を受けなければ、その効力を生じません（法70条の３第３項）。

⑦　登記

　新設分割に必要な手続の終了後登記をすることで、その設立等の日に新設分割の効力が生ずることになります（登記令26条３項，法70条の５第１項，法70条の３第５項→法67条）。

⑧　事後開示（法70条の３第５項→法68条の２第１・２項）

3　簡易分割

　組合の分割決議は、総会における特別決議により行うのが原則ですが、合併や事業の譲受けの場合におけると同様に総会の特別決議を経ないで行う簡易分割が認められています（法70条の４）。すなわち、新設分割によって新設分割設立組合に承継させる資産の帳簿価額の合計額が新設分割組合の最終の貸借対照表により現存する資産の額の５分の１（これを下回る割合を新設分割組合の定款で定めた場合にあっては、その割合）を超えない場合における新設分割については、総会の決議を要せず、理事会（経営管理委員設置組合にあっては、経営管理委員会）の決議をもって行うことが認められます（同条１項）。

4　新設分割の差止めおよび無効

　違法な新設分割については、合併におけると同様、組合員による新設分割の差止めが認められている（法70条の３第５項→65条の４第２項）ほか、新設分割の無効は、訴えをもってのみ主張することができることとされています（法70条の７→会社法828条１項10号）。

解　説

　組合の分割とは、組合が、その事業に関して有する権利義務の全部または一部を、分割により設立する組合（新設組合）に承継させることを目的とする組合の組織法上の行為をいいます。事業を単位として権利義務が承継される点では事業譲渡と共通しますが、事業譲渡は通常の売買等の取引行為の一つである点が異なります。なお、農協法は、組合が有する権利義務を既存の他の組合に承継させる吸収分割はこれを認めていません。また、既存の複数の組合が共同して新設組合を設立する共同新設分割については、特段の定めを置いていません。さらに、理論的には会社への分割も可能ですが、これについても農協法は認めていません。

　また、分割によりその権利義務の承継が認められる事業は、信用事業および共済事業以外の事業であり、信用事業および共済事業に関しては分割によって設立する組合にその権利義務を承継することは認めていません（法70条の２）。

　分割は、合併とは逆方向の行為ですが、組合の有する権利義務を包括的に承継する形で新設組合に移転させるという点で、新設合併に似ており、その手続も合併に関する手続に準じた手続によって行われます。

　なお、合併による新たな組合設立の場合と同じく、新設分割設立組合の定款を作成し、役員を選任するための設立委員の選任が必要となっていますが

（法70条の３第５項→法66条）、定款の定めだけでなく新設分割設立組合の役員を含め分割計画で定めることが合理的であり、新設合併の際の手続規定を準用する必要があるかどうかは疑問が残ります。

　ところで、わが国法制上、分割の規定が整備されたのは比較的新しいもので、平成12年の商法改正によって、分割により設立した会社に、分割をする会社の営業〔事業〕を承継させる新設分割の制度を創設するとともに、既存の会社に、分割をする会社の営業を承継させる吸収分割の制度が創設されました。また、分割により設立した会社または既存の会社が分割に際して発行する株式等を分割する会社に割り当てる分割（分社型ないしは物的分割）とこれを分割する会社の株主に割り当てる分割（分割型ないしは人的分割）が認められました。平成17年の新会社法では、基本的には旧商法のもとにおける会社分割の制度を承継しましたが、人的分割の制度はこれを廃止し、旧人的分割は、物的分割と剰余金の配当（現物配当）の２つの行為から構成されるものとして整理がされています。

　なお、協同組合法の分野には、平成21年の改正で、技術研究組合法に新設分割（組合を設立する分割、株式会社を設立する分割、合同会社を設立する分割）に関する規定が創設されています。

　平成27年の農協法改正により創設された分割の規定は、会社法や技術研究組合法等を参考に立案されていますが、組合の分割においては、物的分割は認められていませんので人的分割といえますが、分割する組合の組合員の一部の者に分割設立する組合の出資を割当てないことも否定されていないので、純粋な意味で人的分割とは異なるといえます。

　組合の新設分割は、新設分割設立組合がその主たる事務所の所在地において設立の登記をしたときに効力を生じ（法70条の３第５項→法67条）。これによって、新設分割組合の組合員（新設分割組合の組合員となることができないものを除く。）は、新設分割設立組合の組合員となり（法70条の５第４項）、新設分割設立組合は、新設分割計画の定めに従って、新設分割組合の

権利義務を承継することになります（法70条の5第1項）。

　この分割による権利義務の承継は、合併の場合と同様、分割の登記を行うことによって法律上当然に生じます。しがって、個々の権利義務についての個別の移転行為を要せずに、分割の効力の発生によって当然に移転し、債務についても、債務者の個別の同意を要せずして当然に承継されることになりますが、合併の場合と異なり、分割組合は分割後も存続することになるために、合併における権利義務の包括承継とは異なり、資産の移転については第三者対抗要件を具備する必要があると解されます。

　なお、承継される債権債務に係る抵当権については、普通抵当権が設定されているときは、その普通抵当権はその債権債務に伴って移転し（随伴性）、分割による承継後のその債権債務を引き続き担保することになります。しかし、根抵当権は、その確定前における個々の被担保債権等の変動は根抵当権に影響を及ぼさないものとされ、その随伴性が否定されています（民法398条の7）ので、これによる不都合が生じないよう、新設分割における確定前の根抵当権の取扱いについては、民法398条の10の規定が準用されています（法70条の3第5項）。

組織変更とその手続

1　意義

　組織変更とは、組合が法人格の同一性を維持しつつ別の法形態の法人になることをいいます。農協法が認める組織変更は、①株式会社への組織変更、②一般社団法人への組織変更、③消費生活協同組合への組織変更、それに④医療法人への組織変更の４つです。

　さらに、すべての組合にこれらの組織変更を認めているわけではなく、株式会社への組織変更については、信用事業または共済事業を行う組合を除く出資組合に限り（73条の２）、一般社団法人への組織変更については、非出資の組合または非出資の農事組合法に限り（77条）、これを認めています。また、消費生活協同組合への組織変更は、信用事業または共済事業を行う農業協同組合を除く出資農業協同組合で、かつ、都道府県の区域を超える区域を地区とする農業協同組合を除くものに限り（81条）、医療法人への組織変更にあっては、病院等を開設する組合に限り（87条）、これを認めることとしています。

　なお、非出資組合から出資組合への変更（法54条の４）、出資組合から非出資組合への変更（法54条の５）は、定款変更による組合員の組織上の責任態様の変更に過ぎず、組織変更には当たりません。

2　組織変更の手続

　組織変更手続は、変更後の組織の法形態によって異なるところがありますが、その手続の流れは次のとおりであり、株式会社への組織変更を例に説明をします。

①　組織変更計画の作成

組合が組織変更するには、法定の事項を定めた組織変更計画（株式会社への組織変更計画の記載事項は法73条の３第４項、一般社団法人への組織変更のそれは法78条、消費生活協同組合への組織変更のそれは法82条、医療法人への組織変更のそれは法88条）を作成し、総会の特別決議による承認を受けなければなりません（法73条の３第１・２項、同項を法80条・86条で準用、医療法人への組織変更を除く）。この決議をする総会を招集するに当たっては、総会の日の２週間前に通知を発しなければならないほか、通常の総会の招集の通知事項に加え組織変更計画の要領をも記載して通知しなければならないことになっています（同条３項、同項を法80条・86条で準用）。なお、総代会での決議は、それだけで直ちに決議の効力が生じないことは、合併および解散等の総代会での決議と同じです（法73条の３第６項・80条・86条→48条の２）。

　ただし、医療法人への組織変更にあっては、その組織変更計画につき総組合員または総会員の同意が必要とされています（87条）。

②　組合員保護の手続

　組織変更に反対の組合員には、組織変更の日に組合から脱退することが認められており（法73条の４第１・２項、83条）、組合の定款の定めにかかわらず、その持分の全部の払戻を請求する権利が認められています（法73条の４第４項、86条で同項を準用）。

　出資持分のない非出資組合から一般社団法人への組織変更および構成員全員の同意を必要とする出資組合の医療法人への組織変更にあっては、こうした配慮は不要なため規定は設けられていません。

③　債権者保護手続

　組合の組織変更については、いずれの場合にも出資１口金額を減少する場合に準じた債権者保護のための手続をとることが必要です（法73条の３第６項・80条・86条・92条→49条・50条１・２項）。

　なお、出資組合の持分を目的とする質権は、その出資組合の組合員が組織変更により受けるべき株式（消費生活協同組合への組織変更にあっては組織

変更によって有すべき出資額の払戻請求権、剰余金の割戻請求権および組織変更後の消費生活協同組合の解散に伴う残余財産分配請求権）または金銭の上に存在することとされ（法73条の7第1項、同項を86条で読み替えて準用）、その質権を有する者で知れているものに対しては、組織変更の決議の日から2週間以内に、その旨を各別に通知をしなければならないこととされています（同条2項、86条で同項を準用）。

④　組織変更の効力の発生

　組織変更は、組織変更計画に定めた効力発生日に生じます（法73条の8第1項、79条1項、行政庁の認可が必要な消費生活協同組合および医療法人への組織変更にあっては定められた効力発生日よりも認可を受けた日が遅ければ認可を受けた日となる＝法85条・91条1項）。効力発生日については、これを変更することができますが、その場合には、変更前の効力発生日（変更後の効力発生日が変更前の効力発生日前の日である場合にあっては、その変更後の効力発生日）の前日までに変更後の効力発生日を公告しなければならないこととされています（法73条の8第5項→会社法780条、同項を80条・86条・92条で準用）。

⑤　登記

　組合が法人格の同一性を維持しつつ別の法形態の法人になることですが、登記上は、組織変更の効力発生日から、その主たる事務所の所在地においては2週間以内に、従たる事務所においては3週間以内に、組織変更前の出資組合については解散の登記を、組織変更後の法人については設立の登記をすることになります（法73条の9、同条を80条・86条・92条で準用，登記令26条4項）。

　なお、株式会社への組織変更と一般社団法人への組織変更については行政庁の認可は不要ですが、組織変更をしたときは、遅滞なく、その旨を行政庁に届け出なければならないことになっています（法73条の10、80条で同条を準用）。

⑥　事後開示

　組織変更に関しては、合併の際の事前開示に相当する規定は置かれていま
せんが、組織変更後の法人は、①債権者保護手続の経過、②効力発生日その
他の組織変更に関する記載等した書面（電磁的記録によること可）を、効力
発生日から6月間、本店または主たる事務所に備え置き、組織変更後の株主
および債権者の閲覧等の用に供さなければなりません（法74条、同条を80条・
86条・92条で準用）。制度の趣旨は、合併手続における事後開示制度と同じ
です。

3　組織変更の無効

　組織変更の手続上の瑕疵については、合併の場合と同様、組織変更の無効
の訴えという制度が設けられており（法75条→会社法828条1項6号・2項
6号、834条6号、第835条1項、836条〜839条、846条）、一定の者に限り、
かつ、組織変更が生じた日から6か月以内に、訴えをもってのみ主張するこ
とができることとされています。

解　説

　組織変更に関しては、理論的には、組合員および債権者の保護が十分に図
られ、法技術的に可能であれば、あらゆる法形態の法人に組織変更すること
は可能であると考えられ、また組織変更ができる法人との間との合併も認め
うることになります。しかし、農協法は、①株式会社への組織変更、②一般
社団法人への組織変更、③消費生活協同組合への組織変更、それに④医療法
人への組織変更の4つに限ってこれを認めています。かつ、前述のように組
織変更ができる組合は、一定の範囲に限定されています。

　組織変更は、法人格の同一性を維持しながら行われる他の法人形態への変
更であり、組織変更前の組合の構成員（組合員または会員）は、組織変更の

効力発生日に組織変更計画の定めるところに従って組織変更後の法人の構成員になります（法73条の8第3項、79条3号、85条3項、91条3項）。組織変更後の構成員の資格は組織変更後の法人の定款によって定まりますが、組織変更前の構成員の一部の者を組織変更後の法人の構成員にしないことがどこまで許されるかは問題です。この点について、会社法のもとにおける持株会社の株式会社への組織変更にあっては、持分会社の社員のうち少なくとも1人は組織変更後の株式会社の株主としなければならないものの社員のすべてを組織変更後の株式会社の株主としなければならないわけではないとされていますが、組合員（会員）の除名につき慎重な手続を求めている協同組合法のもとで、同様に考えてよいかは疑問が残ります。

　株式会社の持分会社への組織変更については社員全員の同意を必要とされ（会社法776条）また持分会社の株式会社への組織変更についても定款に別段の定めがない限り総社員の同意が必要とされている（781条1項）のとは異なり、農協法においては多数決（特別決議）をもって組織変更が可能となっていることから、除名の手続によらずに多数決によって少数組合員を排除することにつながりかねない問題を内包しています。投下資本を回収することを保障するだけで組合員保護としては十分かどうか、まったく疑問がないというわけではないからです。

　株式会社への組織変更に当たっては、組織変更前の組合の組合員（会員）は、組織変更計画の定めるところによりその出資口数に応じて組織変更後の株式会社の株式または金銭の割当てを受ける（法73条の5）とされており、株式に代えて金銭を交付することも可能になっています。なお、組織変更に反対する組合員には組織変更の日に脱退することが認められており（法73条の4第1・2項、83条）、組合の定款の定めにかかわらず、その持分の全部の払戻を請求する権利が認められています（法73条の4第4項、86条で同項を準用）。消費生活協同組合への組織変更にあっても、法律上、農協法に定める組合員資格と消費生活協同組合法に定める組合員資格は異なっており、

組織変更に伴って組合員資格を喪失することがあるのは当然の前提となっており、組織変更に伴って消費生活協同組合の組合員になることができないものは、組織変更の日に組織変更する農業協同組合を脱退した者とみなして持分の払戻しをすることとなっています（法83条）。このほか、消費生活協同組合への組織変更に反対する組合員については、株式会社への組織変更に反対する組合員と同様に組合からの脱退と持分全部の払戻請求権が認められています（法86条→法73条の４）。

　この場合の持分の払戻しは、組合の継続が前提とはならず、組合が解散したと仮定した場合に算定する持分額であると解され、仮に多数決（特別決議）で組織変更計画が承認されたとしても、組織変更に反対する組合員が多くなれば、事実上は組織変更が不可能となるでしょう。

5 事業譲渡とは

 　事業譲渡の意義については、農協法に定義規定は置かれていません。しかし、事業譲渡に関する規定から想定されるのは、単なる財産の譲渡とは異なり、既存の事業を、解体することなく組織的一体性を保持しながらそのまま移転することであり、これを法的に認める点に事業譲渡の意義が認められます。

　複数の組合が結合して一つの組合となるという経済的な側面からみると、当事者の１組合に、他の当事組合がその事業の全部を譲渡し、清算の手続を経て組合の財産を組合員に分配し、解散する組合の組合員が譲渡先の組合の組合員として新たに加入することによっても、吸収合併とほぼ同等の効果をあげることが可能となります。

　しかし、次のように事業譲渡と合併では大きな違いがあります。そして、その違いは組合が合併ではなく事業譲渡を選択する場合の理由でもあるわけです。

（1）合併の場合には、消滅組合の財産が個別の財産の移転手続を必要とせずに包括的に移転するので、財産の一部を移転の対象となる財産から除外することはできません。これに対し、事業譲渡の場合には、債権契約（通常の取引上の契約）なので、契約で定めた範囲の財産が個別に移転（個別の移転手続が必要）し、事業の同一性を害しない範囲であれば契約により財産の一部を譲渡の対象から除外することも可能です。

（2）事業譲渡の場合には、譲渡組合は、事業全部の譲渡をしても当然には解散しません。これに対し、合併の場合には、消滅組合の財産と組合員は包括的に存続組合または新設組合に引き継がれるとともに、その組合は清算手続を経ないで当然に解散します。

（3）事業譲渡の場合には、債権者の承諾を得て譲受組合に免責的債務引受

をさせないかぎり、譲渡する側の組合は、その債権者に対する債務を免れません。これに対し、合併の場合には、消滅組合の債務は、包括的に存続組合または新設組合に移転し消滅します。したがって、農協法には債権者保護のための手続規定が定められています。

（４）合併の場合には、要式行為で、法定の事項を記載した合併契約を作成することが必要となりますが、事業譲渡に関してはとくに定められたものはありません。

（５）合併には、組織法上の行為として無効の訴えに関する規定が用意されていますが、事業譲渡についてはこれがありません。

※ ところで、農協法は、事業譲渡のうち、事業の全部の譲渡、信用事業の全部の譲渡ならびに共済事業の全部の譲渡および共済契約の移転であって全部を移転するものは、総会の特別決議を要する事項として合併と同列に規定しています（法46条４号）。なお、信用事業の譲渡と共済事業の譲渡に関しては、債権契約として民法の一般原則に委ねることは不都合な面があることから、後述するように、農協法は必要な規定を設けています。

解 説

農協法上、事業譲渡に関する規定は、平成４年改正（法律56号）で理事会制度の法定化にともなう規定の見直しに際し、商法、銀行法および保険業法等の規定を参考に設けられたものですが、旧商法上の営業譲渡（新たな会社法では「営業譲渡」が「事業譲渡」という概念に改められていますが、旧商法のもとでの営業譲渡の概念が否定されたわけではありません）の意義をめぐっては学説上争いがあるところです。最高裁大法廷は、旧商法245条にいう「営業の譲渡」につき「商法245条１項１号によって特別決議を経ることを必要とする営業の譲渡とは、同法24条以下にいう営業の譲渡と同一意義であって、営業そのものの全部または重要な一部を譲渡すること、詳言すれば、

一定の営業目的のため組織化され、有機的一体として機能する財産（得意先
関係等の経済的価値のある事実関係を含む。）の全部または重要な一部を譲
渡し、これによって、譲渡会社がその財産によって営んでいた営業的活動の
全部または重要な一部を譲受人に受け継がせ、譲渡会社がその譲渡の限度に
応じて法律上当然に同法25条に定める競業避止義務を負う結果を伴うものを
いう」（民集19巻6号1600頁、同旨；最大判昭41・2・23民集20巻2号302頁、
最判昭46・4・9判タ264号199頁等）としています。同判決の競業避止義務
を負うことを要件とすることに対しては、強い反対意見があるのを別にして、
会社法における多数説ないし通説は、いわゆる客観的営業、すなわち一定の
営業目的により組織づけられた有機的一体としての機能的財産の移転を目的
とする債権契約であると解しています。農協法における事業の譲渡もこれと
異なる解釈をすべき理由もありませんので、同様に解すべきでしょう。

　なお、農協法上、事業全部の譲渡、信用事業および共済事業の全部または
一部の譲渡を除き、事業の一部譲渡については総会の決議を要する旨の定め
がありません。しかし、農協法ばかりではなく協同組合法のもとで事業計画
の設定・変更は総会の決議事項とされていますので（農協法44条1項3号等）、
一般的には事業計画の変更として総会の決議を要することになるものと思わ
れます。

　事業譲渡も合併と同様、設立に関する根拠法が同じ組合間でないとできな
い（設立手続とは関係がないので、農業協同組合と連合会間の譲渡も合併と
異なり可能）と解され、農協法の規定もそれを前提とした規定になっていま
すが、前述の合併の場合と同様、「農林中央金庫及び特定農水産業協同組合
等による信用事業の再編及び強化に関する法律」（平成8年法律118号）は、
農業協同組合または農業協同組合連合会の信用事業の農林中央金庫への譲渡
（農林中央金庫による譲受け）を認める規定を設け（同法24条）、その場合の
必要な定めを置いています（同法4章）。

6 事業譲渡の手続

　農協法は、事業譲渡のうち、事業の全部の譲渡、信用事業の全部の譲渡ならびに共済事業の全部の譲渡および共済契約の移転であって全部を移転するものは、総会の特別決議を要する事項として合併と同列に規定しています（法46条4号）。なお、信用事業の譲渡と共済事業の譲渡に関しては、債権契約として民法の一般原則に委ねることは不都合な面があることから、次のように、農協法は必要な規定を設けています。

1 信用事業の譲渡

　信用事業の全部または一部を譲渡するには、総会の決議が必要で（法50条の2第1項）、かつ、その全部を譲渡するについては特別決議が必要です（法46条4号）。

　譲り受ける側の組合においても総会の決議が必要ですが（法50条の2第2項）、特別決議は求められていません。

　また、農協法は、信用事業の譲渡または譲受けについて、合併の場合と同様、出資1口金額減少の場合の債権者保護手続に関する規定を準用しています（法50条の2第4項）。

　なお、譲渡する財産の中に債権があれば、譲渡人は、事業譲渡契約の履行として、譲受人のために、個々の債権の譲渡の対抗要件を備えなければなりませんが、農協法は、譲渡の公告をもって、組合の債務者に対して民法467条の規定による確定日付のある証書による通知があったものとみなすこととしています（法50条の2第5項・6項）。

　なお、信用事業の全部または一部の譲渡または譲受けについては、原則として行政庁の認可が必要とされ（同条3項）、また、組合がその行う信用事業の全部を譲渡したときは、遅滞なく、その旨を行政庁に届け出るとともに、

信用事業を廃止するために必要な定款の変更をしなければなりません（同条7項）。

2　信用事業の簡易譲受け

　信用事業の譲受けについても、合併と同様に簡易な手続が定められています。すなわち、貯金または定期積金の受入れの事業を行う組合が、この事業を行う他の組合の信用事業の全部または一部の譲受けを行う場合において、その対価が譲受けを行う組合の純資産の額の5分の1（これを下回る割合を定款で定めた場合には、その割合）を超えないときは、総会の決議を要せず、理事会（経営管理委員設置組合にあっては、経営管理委員会）の決議をもって行うことができます（法50条の3）。

　なお、次の共済事業の譲受け等については、このような制度は設けられていません。

3　共済事業の譲渡および共済契約の包括移転

　共済事業の全部または一部を譲渡するには、総会の決議が必要で（法50条の4第1項）、かつ、その全部を譲渡するについては特別決議が必要です（法46条4号）。その趣旨は、信用事業の場合と同様ですが、譲受けについては、信用事業の場合と異なり総会の決議を要する旨の定めはありません。

　また、共済事業については、事業の譲渡に加え、共済契約の移転の手続についても定められています。すなわち、総会の決議をもって責任準備金の算出の基礎が同じである共済契約の全部を包括して、共済事業を行う他の組合に移転することができます（法50条の4第2項）。なお、契約を移転するのみでは契約の移転を受ける組合にとっては単なる債務の引受けになることから、包括移転契約をもって共済事業に係る財産も同時に移転することが原則であり、共済契約を移転する契約をもって共済事業に係る財産を移転することができることとしています（同条3項）。

共済事業の全部の譲渡および共済契約の包括移転のうち共済契約の全部を移転する場合には、普通決議では足りず、総会における特別決議が必要です（法46条）。この場合には、信用事業の全部譲渡の場合と同様、行政庁に対するその旨の届出ならびに共済事業の廃止のための定款変更が必要となります（法50条の４第５項→法50条の２第７項）。

　また、共済事業の譲渡または財産の移転を含む共済契約の包括移転について、債権者保護のための手続が要求されていること、さらに、債権者の承諾につき当該債権者保護手続による公告をもって対処できることとしていることは、信用事業の譲渡の場合と同様です（法50条の４第４項→法49条、50条）。

解 説

　信用事業の譲渡および譲受けにつき、このように総会の決議を経ることを必要としたのは、信用事業については、利用者が多く、かつ、組合員の資産を長期間にわたって預かる事業であり、組合全体に与える影響が大きいこと、さらに、信用事業の全部の譲渡につき特別決議を必要としたのは、事実上事業を廃止することであり、合併・解散の場合と同様、組織に大きな変更を加えることになるためです。

　事業譲渡に際しては、譲渡する財産の構成財産としての債務についても、譲渡契約の内容としては譲渡する組合の債務の免責的引受がなされることになります。この免責的債務引受は、債権者を害するおそれがあることから債権者の承諾を要すると解されているところですが、貯金のように債権者が不特定多数にわたる信用事業にあっては、事業譲渡に際して債権者である貯金者等の承諾を個別にとることは困難です。そこで、農協法は、合併の場合と同様、出資１口金額減少の場合の債権者保護手続に関する規定を準用し（法50条の２第４項）、信用事業の譲渡につき異議があれば一定の期間内に述べるべき旨の公告をし、かつ、貯金者等以外の知れたる債権者には各別に催告

（債権者のためにする公告を、官報のほか定款の定めに従い、時事に関する事項を掲載する日刊新聞紙に掲載する方法または電子公告をもって行ったときは、各別の催告は不要）をし、債権者がその異議申述期間内に異議を述べなかったときは、当該譲渡を承認したものとみなすものとしています。

　また、事業の譲渡は、合併とは異なり、当事者間において事業を一体として移転させる債権債務を生ぜしめる通常の取引上の債権契約です。譲渡の対象となる権利義務については、各別に権利の移転または債務の引受けの手続をとる必要があります。したがって、たとえば事業の構成財産として債権があれば、譲渡人は、事業譲渡契約の履行として、譲受人のために、個々の債権の譲渡の対抗要件を備えなければならないことになります。しかし、民法467条の規定に従って、譲渡人が債権の譲渡につき債務者に通知し、または債務者が承諾しなければ、債務者その他の第三者に対抗することができず、さらに債務者以外の第三者に対抗するためには、当該通知または承諾は確定日付のある証書をもってしなければならないこととすると、膨大な費用と労力を要するとともに法的安定性を欠くおそれがあります。そこで、農協法は、組合が信用事業の全部または一部を譲渡したときは、遅滞なく、その旨を公告しなければならないこととし（法50条の2第5項）、この公告をもって、組合の債務者に対して民法467条の規定による確定日付のある証書による通知があったものとみなすこととしています（同条6項）。

　なお、信用事業の譲渡または譲受けについては、原則として行政庁の認可が必要ですが、①国、地方公共団体、会社等の金銭の収納その他金銭に係る事務の取扱い、②有価証券、貴金属その他の物品の保護預り、および③両替の事業の譲渡または譲受けについては、行政庁の認可は不要です（施行令27条）。

　信用事業の簡易譲受けにいうところの「純資産の額」というのは、最終の貸借対照表上の資産の額から負債の額を控除したものをいいます（規則182条）。総会の決議を経ないで信用事業の全部または一部の譲受けを行う簡易譲受けによる場合には、その譲受けを約した日から2週間以内に、その譲受けに係

る契約の相手方である組合の名称および住所ならびに総会の決議を経ないで信用事業の全部または一部の譲受けをする旨を公告し、または組合員に通知しなければならないことになっています（法50条の3第2項）。この場合において、正組合員総数の6分の1以上の正組合員が、その公告または通知の日から2週間以内に、当該組合に対し書面をもって信用事業の全部または一部の譲受けに反対の意思の通知を行ったときは、総会の決議を経ないで信用事業の全部または一部の譲受けを行うことはできないことになっています（同条3項）。

ところで、共済事業の譲受けについては、信用事業の場合とは異なり、総会の決議を要する旨の定めがありませんが、これは共済事業の性格上、譲受側にとっては単に契約の母集団が増大するにすぎないと考えられたことによるものでしょう。

また、信用事業の場合と異なり、共済事業については、事業の譲渡に加えて共済契約の移転の手続が定められていますが、これは共済事業が双務契約である共済契約の締結を中心とする事業で、かつ、その契約は大数の法則を応用した確率計算に基づく集団性を有するという特質に照らし、事業譲渡よりも合理的である場合があることによるものです。したがって、共済事業については、事業譲渡ではなく一般的には共済契約の包括移転による場合が多いであろうと思われますが、この包括移転による方法では事業所単位での契約移転はできません。このような場合には、事業の一部譲渡の方法によらざるをえませんので、共済契約の包括移転のほかに事業譲渡の規定が置かれた意義もここにあるといえます。

X

解　　散

1 解散とは

組合の解散とは、組合の法人格の消滅をもたらす原因となる事実をいいます。組合の法人格は、合併および連合会の権利義務の包括承継の場合のほかは、解散によっては直ちに消滅することはなく、解散によって清算手続に入り、その手続が終了（清算の結了）したときに消滅することになります。

1 解散事由

組合は、次の事由によって解散します（法64条）。

①総会における解散決議、②存立時期の満了、③正組合員が存立要件の最低員数を欠くに至ったとき、④行政庁による解散命令、⑤信用事業または共済事業とそれらに附帯する事業のみを行う組合の信用事業規程または共済規程の承認の取消し、⑥組合についての破産手続開始の決定、⑦組合の合併、および⑧連合会の場合の権利義務の包括承継です。

なお、このほかに休眠組合についてのみなし解散制度があります（法64条の2）。

2 解散の効果

組合は、合併による解散、連合会の権利義務の包括承継による解散、および破産手続開始の決定にともなう解散の場合を除いて、清算手続に入ります（法71条1項）。したがって、この場合、組合は解散後も清算の目的の範囲内においてなお存続することになります（法72条の3→会社法476条）が、その権利能力は清算の目的の範囲に限定されます（通説）。これにともない、解散前の組合の業務執行を担っていた理事は、清算事務の執行を担う清算人にとって代わるなど、組合の構造に若干の変更が生じます。

　組合の解散とは、組合の法人格の消滅をもたらす原因となる事実をいいます。解散に続いて法律関係の後始末をする手続を清算といいます。組合の法人格は、合併および連合会の権利義務の包括承継の場合のほかは、解散によっては直ちには消滅せず、清算手続の終了をもって消滅します。

　したがって、組合は解散後であっても清算の目的の範囲内においてなお存続することになります（法72条の3→会社法476条）。

　解散の原因と解散の時期については、それぞれ次のようになります。

（1）解散の決議

　総会における解散の決議（特別決議）が成立し、その決議について行政庁の認可があった時に解散となります（法64条1項1号・2項）。ただし、貯金等の受入れの事業または共済事業を行う組合以外の組合の解散の決議については、行政庁の認可は不要で届出で足りることとなっています（同条2項・4項）。なお、総代会における解散の決議は、直ちには組合の意思としては確定せず、総代会における合併の決議と同様に、総代以外の組合員に意思表示の機会が与えられています（法48条の2）。

（2）存立時期の満了

　定款に存立時期（期間）の定めがある組合（法28条3項）にあっては、その期間が満了した時に解散となります（法64条1項4号）。

（3）正組合員が存立要件の最低員数を欠くに至ったとき

　農業協同組合にあっては、農業者たる正組合員が15人未満となった時に解散します（同条5項）。これは、社員が欠けたことは解散事由とされていない株式会社の制度とは対照的です。なお、農業協同組合連合会にあっては、正会員を欠いた場合にはその時に解散となりますが、その設立の要件である正会員が2以上という要件を欠くに至った場合（正会員が1人となった場合）には、直ちに解散とはならず、当該正会員による権利義務の包括承継の認可

の申請につき不認可の処分があり、または、正会員が1人になった日から6か月以内にその正会員による権利義務の包括承継についての行政庁に対する認可の申請がなされなかったことにより、6か月を経過した時に解散となります（同条7項・8項）。

（4）行政庁による解散命令

行政庁の解散命令があれば、その命令の効力が生じた時に解散となります（法95条の2、64条1項5号）。

（5）信用事業規程または共済規程の承認の取消し

信用事業または共済事業とそれらに附帯する事業のみを行う組合は、行政庁の信用事業規程または共済規程の承認の取消しの効果として、その取消しの効力が生じた時に解散となります（法95条3項・64条6項）。

（6）組合についての破産手続開始の決定

組合が破産手続開始の決定を受ければ、その決定の時に解散となります（法64条1項3号、破産法30条2項）。なお、組合が破産によって解散する場合には、破産手続に入り、破産手続の終了を待って法人格が消滅することとなります（破産法35条）。組合が清算中に破産手続開始の決定を受けたときも同じです。

（7）組合の合併

組合が合併したときは、合併契約により合併後も存続する組合を除いて、合併の効力が生じた時（合併による解散の登記の完了）に解散します（法64条1項2号、67条）。

（8）連合会の権利義務の包括承継

農業協同組合連合会の会員が1人となった場合において、その正会員による権利義務の包括承継がなされたときは、その効力が生じた時（権利義務の包括承継にかかる解散の登記の完了）に、その連合会は解散します（法64条7項1号）。

（9）休眠組合のみなし解散

　組合は、最後の登記をしてから５年を経過しているもの（休眠組合という）について、行政庁による官報公告（２か月以内に「まだ事業を廃止していない」旨の届出がなく、登記もされないときは、解散したものとみなされる旨の公告）と、管轄登記所から行政庁による公告が行われた旨の通知が行われた場合において、公告の日から２か月以内に「まだ事業を廃止していない」旨の届出がなく、登記もされないときには、解散したものとしてみなし解散の登記をすることとされています（法64条の２、登記令26条２項）。

　解散の効果として、組合は、一定の場合を除き、清算手続に入ります（法71条１項）。これにともない、解散前の組合の業務執行を担っていた理事は、清算事務の執行を担う清算人にとって代わるなど、組合の構造に若干の変更が生じることになりますが、解散前の組合に関する法令・定款の規定は、清算の目的に反しないかぎり清算中の組合にも適用があり、総会・総代会・監事などの組合の組織はそのまま存続します。なお、事業の継続を前提とする経費の賦課、剰余金の処分、持分の払戻しなどの法令・定款の規定は適用がないと解されるほか、清算中の組合については加入および脱退に関する規定も適用がないと解されます。

2 組合が解散するとどうなるか

　組合が解散すると、合併による解散、連合会の権利義務の包括承継による解散、および破産手続開始の決定にともなう解散の場合を除いては、解散前の法律関係の後始末のための清算手続に入ります（法71条1項）。

1　清算中の組合の機関

　組合が解散すると理事はその地位を失い、清算人が理事に代わって清算事務を行うことになります。なお、総会および総代会ならびに監事および経営管理委員は、清算中もそのまま存続します。

　清算人は、通常総会に貸借対照表・事務報告を提出してその承認を求めなければなりませんが、清算中の組合には剰余金の処分権がないので、損益計算書等の作成は不要で、総会に提出すべきものとしては、貸借対照表と「事業報告」に代わる「事務報告」になります。したがって、会計監査人設置組合の監査に関する規定（法37条の2）の準用はなく、これらの書類につき会計監査人の監査は不要です。

　清算中の組合には、清算のための機関として、理事会にかわりすべての清算人によって構成される清算人会と代表清算人が置かれます（法72条の3→32条、会社法489条）。

　清算人は、解散直前の理事であった者の全員が清算人となるのが原則ですが、総会で一部の理事または理事以外の者を清算人に選任することができます（法71条1項）。これによって清算人となる者がいないときは、利害関係人の請求により裁判所が清算人を選任します（法72条の3→会社法478条2項）。

　理事と同様、清算人と組合との関係は、委任関係にあり（同→30条の3）、また法定の欠格事由のある者は清算人になることができません（同→30条の4）。

　なお、信用事業または共済事業を行う組合が、行政庁による信用事業規程

または共済規程の取消しに基づき解散することとなる場合の清算人は、行政庁が選任することになっています（法71条2項）。

2　清算事務

　清算の最終的な目的は、残余財産を組合員等に分配・帰属させることにあります。それに先立って、現務を結了した上、債権を取り立て、各種の財産を換価し、債務を弁済するなど、解散前の法律関係を整理し、かつ、その財産を処分する手続が必要となります。そのため、農協法は、清算人の職務として、①現務の結了、②債権の取立ておよび債務の弁済、③残余財産の分配を掲げています（法71条の2）が、これは主要な職務であり、清算人の職務がこの列挙されたもののみに制限されるものではありません。

　このほか、清算人の職務に関しては、財産目録・貸借対照表等の作成（法72条）、貸借対照表・事務報告および附属明細書の作成・備置きおよび監査報告の備置き等（法72条の3→36条2項・4項・6項）などの規定が設けられています。

　清算が順調に進行して債務を完済し、残余財産の分配が終ったときは、決算報告承認のための総会を招集し（法72条の2）、その承認がなされて清算が結了すれば、組合は消滅して清算結了の登記が行われることになります（登記令10条）。そして、清算結了の登記後は、後日のために清算のための重要な書類が保存されるだけになります（法72条の3→会社法508条）。

　なお、清算手続中に、組合の財産がその債務を完済することに足りないこと（債務超過）が明らかになったときは、清算人は、直ちに破産手続開始の申立てをしなければならず、破産手続開始の決定があれば破産手続に移行し、清算人が破産管財人にその事務を引き渡したときにその任務を終了することになります（法72条の3→会社法484条2項）。

解説

　組合が解散すると、合併による解散、連合会の権利義務の包括承継による解散、および破産手続開始の決定にともなう解散の場合を除いては、解散前の法律関係の後始末のための清算手続に入ります（法71条1項）。組合の清算は、残余財産を金銭の形で組合員に分配することを最終的な目的としているため、それに先立って、現務を結了した上、債権を取り立て、各種の財産を換価し、債務を弁済するなど、解散前の法律関係を整理し、かつ、その財産を処分する手続が必要となります。清算とは、これら一連の法律関係の後始末の手続をいいます。協同組合は、組合員の責任がその引き受けた出資の額を限度とする間接有限責任の団体であり、組合の債権者にとっては組合の財産が唯一の担保となるものであることから、組合員を保護するとともに債権者の利益をも保護する必要があり、農協法は清算に関し厳格な法定手続を定めています。債権者保護の観点から、清算の手続中に組合の財産がその債務を完済するのに足りないことが明らかになったときは、清算人は、直ちに破産手続開始の申立てをしなければならないこととされています。

　清算人会は、清算人によって構成される清算中の機関であり、清算事務に関して一切の裁判上および裁判外の行為をなす権限を有する代表清算人を清算人の中から選任することになります（法72条の3→35条の3第2項、会社法489条3項）。なお、解散直前の理事がそのまま清算人となるときは、従前の代表理事が代表清算人となり（法72条の3→会社法483条4項）、また裁判所が清算人を選任するときには、裁判所が代表清算人を定めることができることとされています（法72条の3→会社法483条5項）。

　なお、清算人の員数については、別段の定めがないため学説は分かれていますが、判例は、法律上必ずしも2人以上であることを要せず、1人しか選任されなかったときは、同人が当然に代表権を有するとしています。

　また、清算人については任期の定めがなく、定款または総会の選任決議に

おいてとくに定めないかぎり、清算の結了までが任期となります。

　清算人は、裁判所が選任した清算人を除き、総会の決議（普通決議で足りる）をもって解任することができるほか、重要な事由があるときは、裁判所が選任した清算人も含め、総組合員（准組合員を除く）の５分の１（これを下回る割合を定款で定めた場合にあっては、その割合）以上の同意を得た正組合員の請求により、裁判所が解任することができることになっています（法72条の３→会社法479条１項・２項）。清算人と組合との関係は、委任の関係にあり、清算人は組合に対していわゆる善管注意義務ないし忠実義務を負担します（法72条の３→法30条の３、民法644条、法35条の２第１項）。これを担保するために、清算人と組合との間の取引については清算人会（経営管理委員設置組合にあっては、経営管理委員会）の承認を要することとされています（法72条の３→法35条の２第２項）。また、理事と同様、その報酬の額も定款または総会の決議で決められますが（法72条の３→法35条の４・会社法361条）、裁判所が選任した清算人の報酬は裁判所が決定します（法72条の３→会社法485条）。さらに、組合および第三者に対する責任についても理事の規定が準用され（法72条の３→法35条の６第１項～３項・８項・９項（第１号に係る部分に限る）・10項）、組合に対する責任等に関しては、代表訴訟・違法行為差止請求が認められています（法72条の３→会社法847条、法35条の４・会社法360条）。

　次に、清算事務ですが、清算人は、就職の後、遅滞なく、組合の財産の状況を調査し、非出資組合にあっては財産目録、出資組合にあっては財産目録および貸借対照表を作成し、財産処分の方法を定め、これを総会に提出（または提供）してその承認を求めなければなりません（法72条１項）。なお、経営管理委員設置組合にあっては、清算人は、総会の承認を得るに先立って経営管理委員会の承認を受けなければなりません（同条２項）。この場合の貸借対照表は、処分可能な剰余金の計算を目的とする「決算貸借対照表」のように、帳簿価額によって作成するのではなく、清算のための財産処分のた

めに作成される「清算貸借対照表」ですから、各財産を個別に処分するものとして評価された売却価額（清算価額）によるべきであると解されます。また、作成の基準日に関する定めはありませんが、清算の基準にすべきものであるので、清算開始日を基準に作成すべきものと解されます。なお、これについての監事の監査は要求されてはいません。

　組合の清算は、法令および定款に定めるもののほか、この総会の承認を受けた財産処分の方法に従って行うことになります。

　現務の結了とは、組合解散前より継続している諸般の事務を完了することであり、そのために必要な場合には、新たな法律行為をすることもできます。

　債権の取立てとは、組合の有する債権について債務者からその履行を受けることですが、清算は、履行期未到来の債権について、当然に履行期到来の効果を生じさせるものではありませんので、清算人は、原則として弁済期の到来を待ってその取立てをすることになります。なお、この債権の取立とは、必ずしも本来の弁済の受領に限らず、代物弁済の受領、債権譲渡、更改、和解などの行為も含みます。

　清算人は、遅滞なく、公告をもって、債権者に対し２か月以上で清算人が定めた一定期間内にその債権の申出をなすべき旨と、その期間内に申出をしないときはその債権は清算より除斥せられるべき旨を記載して催告するとともに、知れたる債権者に対しては、各別に、債権の申出をなすべき旨を催告しなければならないことになっています（法72条の３→会社法499条）。なお、この公告は１回すれば足りますが、知れたる債権者に対する催告は、公告が官報のほか時事に関する日刊新聞紙または電子公告によって行われた場合でも省略することはできません。この債権申出期間内は、原則として期限の到来した債権についても弁済ができませんが（同→会社法500条１項本文。ただし、弁済しても他の債権者を害するおそれのない債権は裁判所の許可を得れば弁済は可）、これによって組合が履行遅延による損害賠償の責任を免れることはありません（法72条の３→会社法500条１項ただし書）。

　また、清算から除斥された債権者は、債権申出期間内に申出をした債権者および組合に知れたる債権者に対して弁済をした後の残余の財産（すでに一部の出資者に分配がなされたときは、他の出資者に対して同一割合の分配をするのに必要な財産を控除）についてのみ弁済を請求することができますが、この残余の財産が清算から除斥された債権者の債権の額に達しないときは、その債権の一部しか弁済を受けることができず、残余の財産が存しないときはまったく弁済を受けることができません（法72条の3→会社法503条）。

　なお、条件付債権、存続期間の不確定な債権その他その額が不確定な債権に係る債務についても弁済することができますが、この場合には、裁判所の選任した鑑定人の評価に従い弁済することが必要になります（法72条の3→会社法501条）。

　清算人は、組合の債務を弁済して、なお残余の財産があるときは、これを定款または総会の承認を受けた財産処分法に定めるところに従って、組合員に分配しまたはその他の帰属権者に引き渡し、財産の処分を終えたときは、遅滞なく決算報告を作成して総会（決算結了総会）に提出（または提供）してその承認を求めなければなりません（法72条の2）。この承認には、清算人の職務の執行に関して不正の行為があった場合を除き、任務懈怠による清算人の損害賠償の責任を免除する効力があります（法72条の2第3項→会社法507条4項）。この総会による決算報告の承認により、組合の清算が結了し、清算の結了の登記が行われることになります（登記令10条）。

　清算結了の登記の時から10年間は、清算組合の帳簿ならびにその事業および清算に関する重要な資料（帳簿資料）を保存しなければなりません（法72条の3→会社法508条1項）。保存者は清算人ですが、裁判所は、利害関係人の申立てにより、清算人に代わって帳簿資料を保存する者を選任することができることとされています（法72条の3→会社法508条1項・2項）。これは、清算に関して後日に問題が生じた場合に備えるためです。

よくわかる農協法　第3版

2014年4月1日　　第1版第1刷発行
2016年5月30日　　新訂版第1刷発行
2016年7月30日　　新訂版第2刷発行
2021年6月1日　　第3版第1刷発行

著　者　　農　協　法　研　究　会

発行者　　尾　中　　隆　夫

発行所　　全国共同出版株式会社
〒160-0011　東京都新宿区若葉1-10-32
営業部　電話 03(3359)4811　FAX　03(3358)6174
編集部　電話 03(3359)4815　FAX 050(3730)0059

Ⓒ2014　Nokyohokenkyukai
定価は表紙に表示してあります。

印刷／新灯印刷(株)
Printed in Japan